CUM SĂ FII UN PĂRINTE CALM

Sarah Ockwell-Smith, mamă a patru copii, a absolvit Psihologia și a lucrat mulți ani în industria farmaceutică. După nașterea primului copil, s-a reprofilat, ținând cursuri prenatale și asistând mamele la naștere și în perioada postnatală. De asemenea, a urmat cursuri de hipnoterapie și psihoterapie și e membră a Societății Britanice pentru Studierea Somnului. A pus bazele curentului *gentle parenting* (educație cu blândețe), fiind cofondatoare a site-ului www.gentleparenting.co.uk. Este frecvent invitată ca expert în parenting la televiziune și radio. Publică articole de popularizare pe site-ul său, www.sarahockwell-smith.com, precum și în numeroase ziare și reviste. Alte cărți publicate de ea: *BabyCalm*, *ToddlerCalm*, *The Gentle Sleep Book*, *The Gentle Parenting Book*, *Why Your Baby's Sleep Matters*, *The Gentle Discipline Book*, *The Gentle Potty Training Book*, *The Gentle Eating Book*, *The Second Baby Book*, *The Starting School Book*, *Between*, *Because I Said So* și *How to Raise a Teen*.

SARAH OCKWELL-SMITH

CUM SĂ FII UN PĂRINTE CALM

Fără furie, vinovăție și stres – ca să crești copii mai calmi și mai fericiți

Ilustrații
de Louise Turpin

Traducere din engleză
de Elena Macoviciuc

H parenting

Redactor: Adina Săucan
Coperta: Ioana Nedelcu
Tehnoredactor: Manuela Măxineanu
DTP: Manuela Manița, Veronica Dinu

Tipărit la Artprint

Descrierea CIP a Bibliotecii Naționale a României
Ockwell-Smith, Sarah
Cum să fii un părinte calm: fără furie, vinovăție și stres –
ca să crești copii mai calmi și mai fericiți /
Sarah Ockwell-Smith; il. de Louise Turpin;
trad. din engleză de Elena Macoviciuc. – București: Humanitas, 2024
ISBN 978-973-50-8415-8
I. Turpin, Louise (il)
II. Macoviciuc, Elena (trad.)
159.9

EDITURA HUMANITAS
Piața Presei Libere 1, 013701 București, România
tel. 021/408.83.50, fax 021/408.83.51
www.humanitas.ro

Comenzi online: www.libhumanitas.ro
Comenzi prin e-mail: vanzari@libhumanitas.ro
Comenzi telefonice: 0723.684.194

Cuprins

Introducere

În această carte nu e vorba propriu-zis despre parenting, ci despre tine. Citind-o însă, vei găsi că te ajută în creșterea copiilor tăi mai mult decât orice altă carte adresată părinților (iar aici le includ și pe-ale mele).

Mă tot gândesc la cartea asta de cel puțin zece ani, dar până acum n-am simțit că mă pot așeza s-o scriu. Și asta deoarece, deși aș putea spune că sunt „expertă în parenting“, nu izbuteam să fiu o mamă calmă. Aveam dese răbufniri de furie și ridicam vocea. Mă răsteam des la copii. Eram extrem de stresată. În plus, mă paraliza adeseori impresia de inadecvare și vinovăție, la care se adăugau și stările mele de anxietate. Nici acum nu sunt mama perfectă sau culmea seninătății (cine se declară așa ceva minte cu desăvârșire), dar în ultimii doi ani m-am străduit mult, iar acum mă simt în sfârșit în măsură să-ți povestesc despre aventura mea. Chiar dacă nu sunt cel mai calm părinte din lume, sunt mândră de ce am realizat, și știu că și tu poți obține rezultate similare.

Călătoria mea pentru a-mi atinge țelul de a fi o mamă mai calmă a început cu adevărat în toamna anului 2019, când am fost diagnosticată cu cancer. Până atunci, nu făcusem decât să încerc să-mi îmbunătățesc oarecum regimul de viață, făcând yoga și Pilates, adoptând tehnici de meditație ghidată și de mindfulness când puteam, dar, dacă e să dăm cărțile pe față, n-am dus eforturile până la capăt. Sincer vorbind, eram prea ocupată – în mod ironic, scriind ghiduri și ținând cursuri pentru alți părinți – ca să investesc timpul și efortul necesare pentru a-mi împlini nevoile proprii. Diagnosticul de cancer m-a doborât. Eram prea ocupată ca să fiu bolnavă. Am luptat cu mintea și corpul meu, cu doctorii, prietenii și familia, în timp ce-mi vedeam de viață ca și până atunci, ignorând cancerul și concentrându-mă pe nevoile celorlalți, nu pe ale mele. M-am întors la muncă a doua zi după o operație importantă și mi-am continuat activitățile profesionale ca și cum nimic nu s-ar fi schimbat.

Salvarea mea a venit, paradoxal, sub forma pandemiei de Covid-19. Măsurile de carantină au intrat în vigoare tocmai când începeam să mă refac după tratament. Am fost obligată să stau acasă și să-mi înfrunt demonii. N-am avut de ales: a trebuit să mă recreez și să petrec mult mai mult timp cu gândurile mele. Nu mă mai puteam refugia în muncă sau alergătură. A trebuit să înfrunt realitatea și să recunosc că stilul meu de viață de până atunci nu fusese sănătos sau prielnic nici pentru mine, nici pentru ai mei. Povara apăsătoare a stresului, a furiei și a sentimentelor nerezolvate îmi îngreuna recuperarea. Trebuia să mă schimb, de dragul meu. Încercările mele anterioare – eșuate – de a fi mai calmă avuseseră drept unică motivație copiii mei; acum, atingerea liniștii putea să-mi salveze viața, la propriu. Miza devenea profund personală. Aveam mai multe motive decât oricând ca să mă schimb și să fiu mai calmă.

Acum poate părea un clișeu ce spun, dar îmi privesc cancerul ca pe un dar. Sunt recunoscătoare pentru lecțiile pe care le-am învățat datorită lui și pentru metamorfoza pe care a declanșat-o. M-a trezit ca dintr-un somn și mi-a dezvăluit adevărata valoare a vieții, făcându-mă conștientă de faptul că toți merităm să fim fericiți și senini. Merităm să găsim bucurie în rolul nostru de părinți, nu doar să ne achităm onorabil de el, și-atât. Pot spune cu toată sinceritatea că acum mă aflu, emoțional vorbind, în cea mai binecuvântată perioadă a vieții mele. Mulți nu pot înțelege așa ceva, mai ales după încercările prin care am trecut. Am aflat însă că e o senzație întâlnită destul de frecvent printre supraviețuitorii cancerului. Viața mea se împarte acum în două: înainte de cancer și după cancer. Persoana care sunt în prezent, după cancer, e cu totul diferită de cea de dinainte, din perspectiva modului în care-mi gestionez emoțiile. De fapt, în ultimul an, mulți oameni au remarcat cât de calmă sunt, având în vedere circumstanțele.

Schimbarea nu s-a petrecut însă peste noapte. Am muncit din greu ca să-mi recunosc vechile probleme și, într-un final, să mă eliberez de ele, iar procesul de vindecare încă nu s-a încheiat. Știu că mai am mult de lucru, dar acum abordez viața cu o doză de pace și seninătate pe care nu le aveam înainte. În această carte, îți voi împărtăși pașii și procesele care m-au ajutat să devin mai calmă, mai fericită și mai împăcată, nu doar cu copiii mei, ci și cu mine însămi.

Până de curând, făceam greșeala să citesc toate recenziile negative pe care le primeau cărțile mele pe internet. Îți voi arăta în paginile de față cum să eviți activitățile despre care știi c-o să te afecteze și-o să te tulbure – un aspect la care am lucrat mult și eu. Pe de altă parte, mă bucur că nu mi-am ascultat propriul sfat în perioada de dinainte de cancer, pentru că una dintre recenziile negative pe care le-am citit s-a dovedit a fi foarte valoroasă. Cineva mi-a lăsat o recenzie de o stea, pentru *Gentle Discipline Book* (*Cartea educației cu blândețe*), care zicea așa: „Am simțit că premisa era, practic, următoarea: dacă dai dovadă de stăpânire de sine, și copilul tău va face la fel". Am încremenit cu ochii în ecran minute în șir, complet năucită. Cu siguranță aceasta era premisa cărții, și nu încercasem să ascund acest lucru. De fapt, cam asta e premisa tuturor cărților mele. Aș merge chiar mai departe spunând că orice carte decentă de parenting apărută vreodată are, de fapt, drept subiect părinții, nu copiii. Ghidurile de parenting cu adevărat bune nu te învață ce să-i spui copilului, ci cum să te descoperi pe tine, cum să-ți înfrunți demonii, cum să te asiguri că nu-i transmiți mai departe copilului tău. Nu am trecut cu vederea acea recenzie de o stea, conținând cel mai bun sfat primit vreodată, iar ea a dat naștere, în mod ironic, ideii care a devenit în cele din urmă această carte. Cu toate că am scris o mulțime de cărți de parenting, aceasta e prima în care îi învăț pe părinți cum să dea *ei* dovadă de stăpânire de sine.

M-am întrebat dacă e cazul să vorbesc în această introducere despre motivele pentru care părinții ar trebui să fie mai calmi, să arăt de ce nu e bine să ridici vocea la copii și de ce ar trebui să ne străduim cu toții să fim mai puțin stresați, neliniștiți și furioși. Dar nu sunt sigură că asemenea informații ar fi într-adevăr de folos. Există o mulțime de studii pe care le-aș putea cita aici în sprijinul argumentației, dar nu cred că e necesar să le citim. În adâncul sufletului, *știm* deja că nu-i bine pentru copii când ne lăsăm pradă furiei. *Știm* deja că incapacitatea de a ne gestiona emoțiile le poate face rău copiilor. Pe toți ne-au încercat crunt vinovăția și regretul că ne-am pierdut cumpătul în fața copiilor noștri. Știm cum e să fii copilul asupra căruia își varsă nervii părintele (sau tutorele) ce și-a pierdut controlul. Suntem conștienți că doar un părinte calm, stabil emoțional și echilibrat poate crea un cămin iubitor, propice pentru un copil. Nu vreau să mai contribui și eu la starea de vinovăție pe care o încerci deja cu asupra de măsură. Iată că ai deschis această carte, așadar știi deja că trebuie să schimbi ceva la tine: cel mai important, îți *dorești* să te schimbi. Cred că asta-i tot ce trebuie!

Cui i se adresează această carte?

Răspunsul scurt? Tuturor!

Răspunsul lung? Tuturor celor care au copii, care-și doresc să aibă copii sau care lucrează cu copiii. Nu contează câți ani ai tu sau copiii, nu contează câți copii ai sau de câți ai grijă, și nu contează genul tău, dacă stai toată ziua acasă cu ei sau dacă lucrezi toată săptămâna departe de ei. Dacă ești un adult care petrece timp cu copiii, care recunoaște că e nevoie să fie mai calm, atât în preajma lor, cât și separat de ei, atunci această carte ți se adresează.

Cele șapte reguli de aur ca să devii un părinte mai calm

Cu cât înaintez în vârstă, cu atât sunt mai reticentă în privința regulilor, și totuși mi se pare important să pregătesc terenul și să simplific puțin lucrurile aici. Pe parcursul acestei cărți, voi discuta numeroase lucruri care ne afectează psihicul și comportamentul în relație cu copiii noștri. Cred că e important să privim lucrurile în ansamblu și să ne dăm seama *de ce anume* ne este greu să ne păstrăm calmul, înainte să începem să ne întrebăm ce putem face ca să fim mai calmi. La întrebarea „de ce sunt așa?" nu există nici pe departe un răspuns simplu și direct. Socotesc totuși că ne putem face viața mai ușoară cu un set de reguli simple. Iată așadar cele șapte reguli de aur ale mele:

1. **Stă în puterea oricărui părinte să fie mai calm.** Nu e nevoie de trăsături de personalitate aparte. Sigur că, dacă ai o personalitate mai flegmatică, deja ți-e mult mai ușor, dar cu toții ne putem îmbunătăți viața făcând schimbări cu impact pozitiv, indiferent de situația noastră particulară (de acord totuși că persoanelor mai colerice le va fi mai greu să se schimbe).

2. **Toată lumea își pierde cumpătul câteodată.** Nimeni nu e calm tot timpul – și nici nu-i nevoie să fie. Să coborâm puțin ștacheta așteptărilor legate de ceea ce putem realiza, nu trebuie să ne comparăm „sinele interior" (gândurile și sentimentele noastre cele mai intime) cu „sinele exterior" al celorlalți (aparențele lor atent șlefuite). Nu ești singurul pe lumea asta care se enervează, toți părinții au câteodată purtări de care mai apoi se rușinează. E nevoie să ne străduim cu toții să ne păstrăm cumpătul, dar chiar și atunci când ne enervăm nu înseamnă că valorăm mai puțin sau că ne lipsește voința, și în mod sigur nu înseamnă că am fi mai răi decât oricare alt părinte.

3. **Nici un părinte nu trebuie învinovățit că nu-și poate păstra calmul.** Citește fraza din nou și nu te mai învinovăți. Părinții poartă o imensă povară de vinovăție și se

învinovățesc imediat când sunt furioși sau irascibili cu copiii lor. Dar nu e vina lor. Felul nostru de a reacționa e un rezultat al modului în care am fost crescuți, al situațiilor în care ne aflăm și al relațiilor pe care le avem cu alții. Nu te întreba „ce e în neregulă cu mine?“, ci privește-te ca o combinație a lucrurilor care ți s-au întâmplat și a mediului în care exiști. Nu ești defect. Iar vestea bună e că poți să controlezi modul în care procesezi aceste experiențe și impactul pe care-l au asupra viitorului tău.

4. **N-o să scapi de multitudinea de trăiri intense.** Scopul tău nu e să scapi de sentimentele puternice, ci doar să le gestionezi într-un mod mai sănătos. O să simți în continuare furie, frustrare, îngrijorare și dezamăgire, atât legate de tine, cât și de copiii tăi, și e perfect normal. Toate sentimentele sunt în regulă. Pe scurt, secretul pentru a deveni mai calm e să le dai voie acestor sentimente puternice să se manifeste, să le accepți și să transformi reactivitatea în responsivitate: să creezi un spațiu între acțiunile copilului tău, trăirile tale și răspunsul tău. Atingerea stării de calm ține de cunoașterea de sine, de acceptare și iertare. Nu ți se cere să te transformi într-un robot lipsit de emoții.

5. **Greșelile tale nu anulează tot ce-ai făcut bine înainte.** O zi proastă e doar atât: o zi proastă. Asta nu te face un om rău sau un caz fără speranță, nici chiar dacă ziua proastă se întinde pe săptămâni, luni sau ani. Nu înseamnă că-ți sunt anulate toate eforturile pe care le-ai făcut până atunci pentru a deveni mai calm, și nici nu-ți sunt șterse cu buretele toate zilele bune. La fel, nu are nici un impact asupra a ceea ce poți realiza pe viitor. Drumul spre a deveni un părinte mai calm e plin de suișuri și coborâșuri. Vei mai face greșeli. Uneori vei simți că ai făcut un milion de pași înapoi, dar nu te lăsa bătut: mergi mai departe și împacă-te cu ideea că drumul va fi sinuos. Viața înseamnă provocări, la fel și schimbarea adevărată.

6. **Drumul către starea de calm ia timp.** Asigură-te că ți-ai fixat țeluri realiste. N-o să te schimbi peste noapte și nici măcar într-o lună sau două. Va trebui să depui eforturi pentru tot restul vieții tale, și merită, pentru că până și o schimbare mică de tot înseamnă schimbare. Chiar dacă pare un clișeu, o mie de pași mici o să te ducă mai departe decât un salt. Dăruirea și consecvența sunt secretul în acest sens. E mai bine să faci schimbări mici, în mod repetat, decât câte un avânt mare spre o schimbare importantă.
7. **N-o să-ți traumatizezi copilul dacă se-ntâmplă să-ți ieși din fire.** Asta e probabil cea mai importantă regulă pe care trebuie s-o înveți, pentru că vinovăția pe care o încercăm atunci când greșim poate avea un efect devastator asupra eforturilor noastre ulterioare. Copiii sunt rezistenți, iar greșelile noastre ca părinți îi ajută să crească. Ce contează mai mult e modul în care rezolvi problema după aceea. Voi vorbi ceva mai departe despre cercul „ruptură/reparație", sau, cum prefer eu să-i spun, „țipete/vindecare". Capacitatea de a vindeca suferințele provocate de inevitabilii „nervi" e parte din temelia unui stil mai calm de a ne crește copiii. La fel de importantă e și abilitatea de a învăța cum să diluăm sentimentele de inadecvare și vinovăție care vin la pachet și cum să le transformăm spre beneficiul nostru.

Cum să folosești această carte

Procesul transformărilor prin care devii un părinte mai calm seamănă mai degrabă cu un puzzle imens, alcătuit din numeroase piese. Dacă puzzle-ul e incomplet pentru că ai omis un aspect sau pentru că nu l-ai tratat cu destulă atenție, atunci imaginea finală – rezultatul întregului proces – va fi incompletă. Plecând de la această premisă, îți recomand să citești toate capitolele cărții, chiar dacă ți se pare că unele nu ți se adresează neapărat ție. Te sfătuiesc să te concentrezi pe câte unul pe rând, ca să înțelegi pe deplin informațiile și să lucrezi la exerciții și schimbări. Evident, e în regulă dacă citești toată cartea în câteva zile, dar te-aș sfătui să te întorci apoi, să alegi un capitol și să-l aprofundezi. E mai puțin important în ce ordine citești, așa că poți sări după cum dorești de la un capitol la altul, începând cu acelea care ți se par cele mai pertinente. Acestea fiind spuse, primul capitol ar trebui să fie punctul de pornire pentru toată lumea. Ca să poți începe să faci niște schimbări în stilul tău de parenting, trebuie să te gândești la copilăria ta. Primul capitol discută despre umbrele din copilărie (cu toții le avem, indiferent cât de minunați ne sunt sau ne-au fost părinții). Acest prim pas te va ajuta să-ți identifici și să-ți înțelegi principalii declanșatori, apoi vei putea face pace cu modul în care ai fost crescut, astfel încât să lași traumele generaționale acolo unde le e locul, și anume în trecut.

În capitolul 2, vom vorbi despre aventura părinților în căutarea perfecțiunii, aparent foarte relevantă într-o epocă a intimității exhibate. Vom vedea de ce e important să acceptăm că fiecare are stilul său autentic în relația cu copiii și să renunțăm să ne mai învinovățim, atitudine nu doar inutilă, ci și extrem de toxică. În capitolul 3 vorbim în continuare pe tema parentingului așa-zis fără cusur și vedem cât de nociv e să ne comparăm la nesfârșit cu alți părinți, subminându-ne capacitatea de a atinge starea de calm. În capitolul 4, vom analiza un aspect anume ce ține de misiunea noastră ca părinți, aspect care ajunge să ne împovăreze și să ne istovească, măcinându-ne atât mental, cât și fizic. Chiar dacă dezbaterea legată de „dificila meserie de părinte“ a luat avânt relativ de curând, problema în sine subzistă de multă vreme. Sperăm să devenim generația care nu numai că trage un semnal de alarmă, dar și declanșează schimbarea, făcând pași înspre atât de necesara egalitate.

Capitolul 5 se concentrează pe acele tranziții și schimbări importante în viață care pot să ne influențeze starea de bine și echilibrul emoțional. Vorbesc acolo despre ideea de a te lăsa purtat de val și de a nu te mai împotrivi, de a învăța să renunți puțin la nevoia de control – tendință pe care cu toții am putea învăța s-o adoptăm într-o mai mare măsură. În capitolul 6, atenția se îndreaptă asupra noțiunii moderne a părintelui ocupat și a faptului că jonglarea cu succes a mai multor mingi pare să fie considerată de mulți o insignă de onoare care impune respect. Însă aceste idei sunt greșite. Eu sunt o susținătoare a pierdutei arte de a nu face nimic: după părerea mea, cu cât mai simplu, cu atât mai bine, și pentru felul în care ne percepem misiunea ca părinți, și pentru sănătatea noastră emoțională.

În capitolul 7, ne îndreptăm atenția spre relațiile cu cei din jur, după ce până acum ne-am concentrat pe relația cu noi înșine. Voi vorbi despre interacțiunile pe care le avem cu partenerii noștri sau cu foștii parteneri, împreună cu care ne creștem copiii. De asemenea, voi vorbi despre rolul prietenilor și al familiei extinse, arătând de ce relațiile noastre cu adulții din jur influențează relația pe care o avem cu copilul. Vom explora conexiunile ce se produc cu alți adulți și rolul lor important asupra stilului de parenting al fiecăruia. Iar acestea pot să-l îmbunătățească uneori, însă câteodată pot funcționa în detrimentul părintelui. Tocmai de aceea atingem și subiectul renunțării la anumiți prieteni și la influențele care nu-ți fac bine.

Capitolul 8 vorbește în amănunțime despre crucialul echilibru dintre viața profesională și cea personală și arată de ce n-ar trebui să ne mai chinuim „să le avem pe toate". Arta de a păstra echilibrul constă în ajustarea constantă a ponderii celor două până la găsirea justei măsuri. În capitolul 9, prezint o idee de-a mea pe care am intitulat-o „pentagonul liniștii", adică o serie de cinci puncte esențiale care ne ajută să ne menținem sănătoși, fizic și mintal: alimentația sănătoasă, somnul odihnitor, mișcarea, relaxarea și petrecerea a cât mai mult timp în natură, care are atâtea proprietăți vindecătoare. Voi arăta și de ce mi se pare inutilă atenția acordată în prezent de societate așa-ziselor practici de „îngrijire de sine" adresate părinților. E o adevărată aventură până să devenim părinți mai calmi, nici vorbă de băi cu spumă și masaje. Voi sublinia în schimb cât e de important să fii „bun cu tine", adică să acționezi în acord cu nevoile tale, fără presiunea de a te comporta într-un mod prestabilit.

În capitolul 10, pe care-l consider cel mai important, după primul, vom vedea ce putem face atunci când ne pierdem autocontrolul. Nu e deloc realist să vrem să fim calmi tot timpul. Indiferent cât ne vom strădui să aplicăm soluțiile prezentate în capitolele 1–9, tot o să ne mai sară țandăra în fața copilului, tot vom mai avea reacții de care n-o să fim deloc mândri. Este inevitabil. De aceea avem nevoie de niște ponturi, să știm ce să facem mai apoi, ca să închidem cercul „țipete/vindecare“. Vom învăța cum putem să îndreptăm lucrurile cu copiii noștri, să dezamorsăm posibilele daune, să ne reconectăm și s-o luăm de la capăt. Capitolul 10 se concentrează pe calmarea furtunii și gestionarea momentelor critice, arătând cum putem evita accesele de furie și ce să facem dacă totuși ni se-ntâmplă.

În fine, capitolul 11 trece în revistă ideile principale ale capitolelor precedente și prezintă concluziile, menite să te însoțească în această călătorie și să te ajute să devii un părinte mai calm, fără obișnuitele accese de furie.

CAPITOLUL 1

Umbrele copilăriei: Care sunt factorii declanșatori ai furiei și cum rezolvăm traumele din primii ani de viață

Rănile tale adăpostesc semințe ce-așteaptă să se preschimbe în flori. —*Niti Majethia, scriitoare, editoare și activistă specializată în poezie recitată*

De câte ori te-ai întrebat oare ce-i în neregulă cu tine, de ce nu poți să-ți păstrezi calmul? În ultimele două decenii, nenumărați părinți dintre cei cu care am lucrat mi-au mărturisit cât de mult le-ar plăcea să se poarte mai blând și mai binevoitor cu copiii, dar că nu se simt în stare deoarece nu sunt calmi din fire. Au senzația că au fost croiți greșit, că nu au aptitudinile necesare. Li se pare că își dezamăgesc copiii pentru că n-au forța de a-și controla emoțiile pe cât ar dori, indiferent cât de mult s-ar strădui. Ei nu sunt însă conștienți de faptul că mai toți părinții de pe această planetă, din orice epocă, simt la fel.

Ca să ne menținem calmul, e necesar să ne înțelegem mecanismele interioare și ceea ce ne declanșează un comportament sau altul. Uneori, e ușor să vedem care anume sunt declanșatorii. Uneori, e simplu să ne dăm seama ce anume ne împiedică să ne controlăm emoțiile. Adesea, e vorba de factorii externi, din viața de zi cu zi, sau de interacțiunile cu apropiații (două direcții pe care o să le discutăm în următoarele capitole). Alteori însă, acești declanșatori și inhibitori își au rădăcinile adânc înăuntrul nostru, într-o eră pe care am părăsit-o de mult din punct de vedere fizic, dar care, din punct de vedere emoțional, încă ne stăpânește: anii copilăriei.

Unii oameni sunt conștienți de evenimentele traumatizante din copilărie, alții, nu. Pentru cei din a doua categorie, e posibil să nu fie vorba de un singur eveniment important, ci mai degrabă de o colecție de scurte momente, conversații, comentarii și experiențe, care, luate individual, par nesemnificative, dar, luate împreună, pot să aibă un impact imens asupra psihicului nostru aflat în dezvoltare. Umbrele noastre din leagăn, mai exact experiențele pe care le-am trăit în anii formatori, nu se referă neapărat la lucrurile care ni s-au întâmplat, ci mai degrabă la sentimentele pe care le-au trezit în noi când eram copii și la percepția noastră asupra lor. Ce e stresant și traumatizant pentru un copil e posibil să nu fie la fel pentru altul, și viceversa. Trauma e unică și personală.

Vocile noastre interioare și cuvintele pe care li le adresăm copiilor noștri, mai ales în situații tensionate, sunt deseori amintiri subconștiente ale modului în care ni s-a vorbit când eram mici. Unii oameni au avut norocul de a fi tratați cu empatie și respect de către cei care aveau grijă de ei, motiv pentru care le vine mai ușor să reacționeze într-un mod calm și relaxat în fața copiilor lor. În cazul altora însă, care nu au avut parte de respect sau înțelegere, răspunsul standard constă, deseori, în repetarea acelorași cuvinte și acțiuni autoritare la care au fost martori în copilărie. Copii fiind, mulți ne-am simțit cumva responsabili pentru emoțiile părinților sau ale persoanelor care ne-au crescut. Am învățat, dintr-un motiv sau altul, că, dacă stăteam potoliți și nu ceream nimic (lucru considerat adesea sinonim cu „a fi cuminte"), atunci părinții erau liniștiți și mulțumiți. Dacă eram cumva „obraznici" (de exemplu, dacă aveam nevoie de ceva sau ne controlam mai greu emoțiile), atunci cel mai probabil ei aveau să fie furioși. Această credință înrădăcinată în subconștient îi poate face pe copii să-și reprime emoțiile și nevoile din cauza convingerii greșite că nu pot fi iubiți și apreciați dacă le dau bătăi de cap adulților. Acest comportament greșit pe care l-am învățat în trecut poate deveni un puternic declanșator la maturitate, când propriii copii devin neastâmpărați, și asta pentru că undeva în adâncul nostru se ascunde un copil rătăcit, care plânge după atenție, dar care a învățat să-și reprime nevoile. Când copilul nostru dă dovadă de un comportament la fel de neajutorat sau instabil, reacționăm nu doar la nevoile afirmate de el, ci și la ale noastre proprii, din trecut.

Nu numai interacțiunile cu copiii ne sunt afectate de trecutul nostru. Modul în care am fost crescuți poate marca pentru totdeauna dialogul pe care îl avem cu noi înșine, percepția asupra propriei persoane și interacțiunile cu ceilalți. Poate ai început să te îndoiești de valoarea ta? Poate că suferi din cauza perfecționismului și ești foarte critic la adresa ta? Sau poate nu ai încredere în ceilalți să ducă o sarcină până la capăt la fel de bine ca tine și ajungi să te simți copleșit și epuizat, deoarece duci povara de unul singur? Poate ți-e greu să-ți împărtășești îngrijorările cu alții, sau să ceri ajutor când ți-e greu? Sau poate le faci pe plac oamenilor și spui mereu „da", când ai vrea să poți spune „nu". Dacă vreuna dintre descrierile de mai sus ți se potrivește, e foarte probabil ca rădăcinile acestor idei și comportamente să se afle în primii ani de viață. Ai învățat poate să ții totul în tine, pentru că, dacă-ți exprimai emoțiile, erai trimis în camera ta sau primeai vreo pedeapsă. Sau ai probleme cu perfecționismul și stima de sine deoarece ai încercat să te compari cu frații tăi sau, ani la rând, ai luptat să le câștigi aprecierea, laudele și atenția părinților. Ori poate ți s-a indus ideea că nevoile altor oameni contează mai mult decât ale tale și că ar trebui să-i faci mereu fericiți pe ceilalți, indiferent cât de nefericit te face asta pe tine.

Toate acestea ne pot afecta psihic încă din primii ani de viață și ne modelează comportamentul la maturitate, indiferent dacă avem copii sau nu. Pot influența relațiile noastre ca adulți, imaginea de sine, mai bună sau mai rea, și dialogul cu sinele. Impactul nu se oprește însă aici, deoarece un singur cuvânt, o frază sau un comportament al copilului pot deveni un declanșator important pentru noi dacă ne amintește în mod subconștient de primii ani de viață sau ne lovește în miezul vulnerabilităților proprii. Drept consecință, putem reacționa complet disproporționat față de vorbele sau faptele copilului nostru. Pentru că totul are de-a face de fapt nu cu el, ci cu noi înșine.

Vom analiza mai detaliat aceste idei ceva mai târziu în acest capitol, după care vom vedea câteva exemple de acțiuni reale, tangibile, la care putem apela pentru a ne vindeca o parte din rănile trecutului și a ne asigura că nu le dăm mai departe copiilor noștri. Pe scurt, e nevoie să renunțăm la vocea interioară disfuncțională și rănită, să devenim mai înțelegători și îngăduitori cu noi înșine, să abordăm lucrurile cu mai multă maturitate. Să încercăm să aflăm cum anume ne dorim să arate relația dintre noi și copil și ce înseamnă respectul în această relație. Vestea bună este că e posibil, chiar dacă nu și simplu, să facem aceste schimbări. Iar primul pas constă în a da dovadă de bunătate și empatie față de noi înșine, ceea ce poate ne-a lipsit în copilărie. Doctorul Bessel van der Kolk a descris acest lucru astfel în cartea *The Body Keeps the Score* (*Corpul nu uită niciodată**):

> Cercetările din neuroștiință arată că singurul mod în care putem schimba modul în care ne simțim este prin a conștientiza experiența noastră interioară și a învăța să ne împrietenim cu ceea ce se întâmplă în noi înșine.

Și atunci totul se reduce la a-i învinovăți pe părinții noștri?

Înainte să mergem mai departe, vreau să te asigur că a încerca să-ți vindeci copilul interior nu e același lucru cu a da vina pe părinții tăi sau a strica relația cu ei. Poți în continuare să-ți iubești părinții, și din toată inima, recunoscând totodată că porți anumite traume din copilărie. Una nu o exclude pe cealaltă. Există și oameni pentru care relația cu părinții s-a încheiat deja sau a devenit toxică, dar scopul investigării trecutului și al procesului de vindecare nu e să creeze relații adverse sau tensionate cu părinții noștri. Nici pe departe. E vorba de intensificarea empatiei pe care o simți față de ei.

Trebuie să recunoaștem că majoritatea părinților au făcut ce au știut mai bine cu modul în care au fost crescuți și ei. Așa cum e important să fim buni cu noi înșine în tot acest proces de a deveni părinți mai calmi, la fel ne ajută să vedem

---

* *Corpul nu uită niciodată: Cooperarea dintre creier, minte și corp pentru vindecarea traumelor*, tr. Cristian Hanu, Adevăr Divin, București, 2018 (n. tr.).

defectele și greșelile părinților și îngrijitorilor noștri, pe când eram copii, ca fiind probleme moștenite de la propriii lor părinți, și nu provocate de noi. E necesar nu să ne învinovățim părinții (sau bunicii), ci să-i înțelegem și să discernem cauzele comportamentului lor de când eram noi mici. Și ei sunt rezultatul unui anumit mod de creștere, la fel ca noi. Singura diferență e că în epoca și cultura noastră lumea e mai conștientă de traumele copilăriei, astfel încât putem deveni generația care pune capăt acestui fenomen. Părinții și îngrijitorii noștri n-au fost la fel de norocoși.

Ce se ascunde în adâncuri

La începutul secolului XX, neurologul austriac Sigmund Freud, fondatorul psihanalizei, ne-a prezentat versiunea sa de model al minții[1], împărțit în trei secțiuni, ca în diagrama de mai jos:

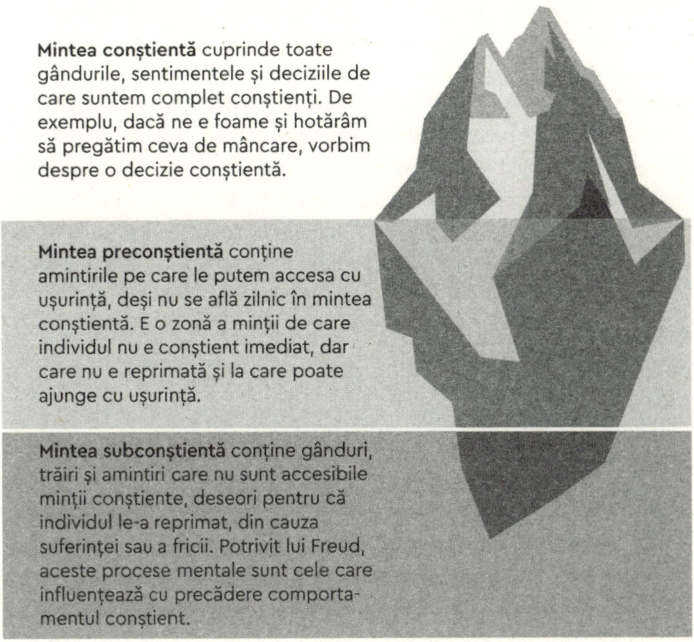

Atunci când, urmând sfaturile consilierilor în materie de parenting, încercăm să ne dăm seama ce rol joacă întâmplările din propria copilărie asupra interacțiunilor cu copiii noștri, ne accesăm mintea conștientă sau, uneori, preconștientă. Cu toate acestea, nu prea reușim să reacționăm așa cum ne-am dori, iar furia, frustrarea și severitatea își scot la iveală chipurile hâde. Acesta e un exemplu clasic al modului în care, potrivit lui Freud, mintea subconștientă își pune amprenta asupra comportamentului conștient – subconștientul fiind acea zonă a minții în care sălășluiesc toate experiențele negative și dureroase din copilăria noastră. Ca să fii un om mai calm, trebuie să ții seama de influența acestor evenimente timpurii și să depui un efort conștient pentru a descoperi și pătrunde credințele și experiențele care te imboldesc.

Cu toate că au fost criticate ca fiind prea simpliste, teoriile freudiene sunt de ajutor atunci când ne străduim să devenim mai calmi. Unul dintre contemporanii lui Freud, psihiatrul și psihanalistul elvețian Carl Jung, spunea: „Până nu faci subconștientul conștient, el o să-ți conducă viața, iar tu o să-l numești destin". Vești bune totuși: putem deveni mai conștienți începând chiar de azi, cea dintâi misiune fiind să recunoaștem că purtăm cu toții în noi cuvinte dureroase, întâmplări și pățanii din copilărie și că acestea influențează adeseori interacțiunile de zi cu zi cu copiii noștri.

Ce spun părinții

Atunci când mă documentam pentru această carte și pe parcursul scrierii ei, am stat de vorbă cu mulți părinți. Voiam să aflu ce anume le declanșa furia și-i împiedica să-și păstreze calmul. Iată cum descriau unii dintre ei modul în care au fost crescuți și influența acestuia asupra propriului stil de a-și crește copiii:

> Când fiul meu îmi vorbește obraznic, văd roșu-n fața ochilor. Știu că asta se datorează, parțial, felului în care am fost crescut și consecințelor pe care le-aș fi suportat dac-aș fi îndrăznit să vorbesc așa cu părinții mei.

Încerc să fiu o mamă calmă și empatică, dar încă procesez traumele nerezolvate din copilărie, provocate de cei care m-au crescut.

Când eram mic și făceam trăsnăi, eram trimis în camera mea și mi se spunea să stau acolo până mă calmam. Sunt sigur că asta m-a afectat ca adult. Mi-e peste mână să cer ajutorul atunci când am probleme și mi se pare greu să vorbesc deschis despre sentimentele mele.

Tânjesc să fiu văzută și validată, și mă înfurii de îndată când simt că nimănui nu-i pasă de nevoile mele. Asta se leagă de resentimentele pe care le am față de partenerul meu, care poate să stea și să-și vadă de treabă, în timp ce eu sunt întreruptă în mod constant de copiii noștri. Îmi amintește de momentele când mă simțeam ignorată și abandonată în copilărie.

Am fost învățată că „adulții trebuie mereu respectați", și am acceptat-o fără să crâcnesc, însă acum, privind în urmă, îmi dau seama că nimeni nu m-a respectat când eram copil, și cred că asta mi-a provocat probleme de stimă de sine la maturitate.

Părinții mei îmi spuneau mereu să nu mai plâng când eram mică. Nu știu dacă de asta mi-e greu să-mi exprim emoțiile acum, dar bănuiesc că n-a ajutat. Cred că mă înfurie și când copiii mei plâng, deoarece știu că eu aș fi avut probleme din cauza asta când eram mică.

Experiențele traumatizante din copilărie

În ultimii ani, s-a vorbit din ce în ce mai mult despre impactul experiențelor traumatizante din primii ani de viață, cunoscute sub denumirea de „experiențe traumatizante din copilărie" (*adverse childhood experiences*, ACE), asupra sănătății mintale și fizice a individului în viitor. Experiențele traumatizante din copilărie, mai ales din primele luni, când nu suntem conștienți de ce ni s-a întâmplat, dar când învățăm să construim încrederea, odată cu dezvoltarea rapidă a creierului și a sistemului nervos, pot să ne blocheze corpul într-o stare aproape permanentă de alertă. Într-un fel, corpul și mintea așteaptă să apară următoarea amenințare, iar dacă nu primim alinarea și siguranța necesare de la părinți și îngrijitori când suntem mici, atunci o să ne fie greu să învățăm cum să ne controlăm ca adulți. Crescând fără un adult blând, înțelept, înțelegător și echilibrat care să aibă grijă de noi, cu un sistem nervos calm și matur pe măsură, ne este foarte greu să învățăm aceste abilități de autoreglare extrem de importante. Și nu doar pentru că ne lipsește modelul, ci și pentru că avem tendința de a trăi într-o stare de încordare maximă, în care ne dăm nevoile și emoțiile la o parte și ne concentrăm doar să treacă ziua cu bine. Într-o asemenea stare, nu învățăm cum să ne identificăm nevoile, cu atât mai puțin să le ascultăm, și nici cum să ne gestionăm sau să ne reglăm nivelurile de stres. Din păcate, din acest motiv, copiii nu reușesc să scape nici din situația traumatizantă, nici de emoțiile sau trăirile stresante pe care le încearcă. Pe măsură ce crește, copilul învață să-și țină sentimentele ascunse. Învață să supraviețuiască, nu să se și bucure de viață. Iar dacă menține îngropate aceste sentimente și emoții dificile în perioada maturizării, ele pot răbufni în cele mai neașteptate momente. Deseori, reacția părintelui e complet disproporționată, „exagerată", cum ar spune unii, în raport cu faptele copilului. Dar părintele nu reacționează numai la faptele și emoțiile copilului, ci și la ale sale proprii, adânc îngropate.

O bună reprezentare a acestei situații este ilustrația următoare: adultul cară cu sine o găleată plină-ochi cu factori de stres și probleme de zi cu zi, precum și o doză serioasă de traume nerezolvate și emoții din propria copilărie. Adultul poate doar să țină găleata dreaptă și să se străduiască să nu verse nimic din ea. Dacă însă copilul se ciocnește de el (și prin asta mă refer la orice comportament care duce la pierderea controlului asupra găleții – o izbucnire, un răspuns obraznic, ignorarea unei cereri și tot așa), adultul va vărsa inevitabil ceva din găleată pe copil. În mare parte, conținutul nu are legătură cu acțiunile copilului și nu este proporțional cu acestea. Dar tocmai pentru că adultul a muncit din greu să țină totul în găleată, e aproape imposibil să împiedice vărsarea unei părți din conținut.

Ce sunt experiențele traumatizante din copilărie și ce impact au ele?

CDC-Kaiser Permanente Adverse Childhood Experience Study[2] enumeră 10 astfel de experiențe specifice din copilărie, care acoperă abuzul fizic și verbal:

1. Abuzul verbal/emoțional din partea unui părinte sau a persoanei care te-a crescut.
2. Abuzul fizic.
3. Abuzul sexual.
4. Neglijarea fizică (de exemplu, lipsirea de hrană, haine curate etc.).
5. Neglijarea emoțională (de exemplu, lipsa de afecțiune și grijă).
6. Prezența în casă a unui părinte/tutore cu probleme psihice.
7. Prezența în casă a unui părinte/tutore victimă a abuzului domestic.
8. Părinți divorțați sau separați.
9. Prezența în casă a unui părinte/tutore cu diverse adicții (alcool, droguri).
10. Prezența în casă a unui părinte/tutore care a făcut închisoare.

Potrivit studiului, 61% dintre adulți au trecut prin cel puțin o experiență de acest fel, iar cel puțin unul din șase a cunoscut patru sau mai multe dintre tipurile de mai sus. Studiile au arătat că oamenii care au trecut prin asemenea experiențe erau mai predispuși să întâmpine probleme fizice și mintale la maturitate, cu o probabilitate mai mare să le fie afectate negativ educația și perspectivele de carieră.

Lista a fost însă intens disputată, argumentele principale fiind că e prea restrictivă și că se bazează pe experiența indivizilor albi, din clasa mijlocie, deci nu e incluzivă. De asemenea, simplifică o problemă complexă și foarte nuanțată. Așa cum am spus, trauma e unică pentru fiecare individ în parte: unii dintre noi putem considera că anumite lucruri sunt traumatizante, lucruri care nu au nici un efect asupra altora, și viceversa. În mod similar, e posibil să nu fi existat un singur eveniment traumatizant mare, ci mai multe și mai mici, care, împreună, au creat o problemă mult mai mare. Poate am crescut cu un părinte – sau cu ambii – iubitor și grijuliu la prima vedere, și poate simțim că am avut o relație pozitivă cu el/ei, fără experiențe traumatizante evidente. Și totuși, ne putem simți, pe loc sau retrospectiv, lipsiți de susținerea sau de validarea necesare unui copil.

De asemenea, mulți au perceput această abordare prin prisma experiențelor traumatizante din copilărie ca pe o predicție părtinitoare potrivit căreia cei care identifică una sau mai multe dintre experiențele enumerate vor avea probleme la maturitate, ceea ce nu-i adevărat. Lista identifică riscuri, nu drumuri predeterminate în viață. Cu toate că e foarte important să fim conștienți de aceste riscuri, mai ales pentru a încerca să le prevenim, la fel de important e și să nu plecăm de la prezumția că un copil va fi într-un fel anume, că va întâmpina anumite probleme din pricina unor întâmplări din primii ani de viață. Se promovează astfel o atitudine pesimistă, care poate să fie și mai dăunătoare atât pentru copii, cât și pentru noi, ca adulți. Oamenii se pot schimba. Și eu bifez două dintre experiențele traumatizante de mai sus, dar nu am senzația că viața mi-e limitată de ele. De fapt, cred că tocmai ele mă motivează să fac munca pe care o fac azi cu atâta pasiune.

Cu toate că viitorul îți este mai mult ca sigur influențat de ce ți s-a întâmplat în copilărie, aceasta nu înseamnă că nu ai nici un control asupra lui, și nici un chestionar, nici un studiu nu-ți poate spune cum va arăta restul vieții tale, ce fel de persoană ești acum sau cine poți fi pe viitor.

Reacțiile de fugă, luptă, supunere și blocajul (sau non-reacția)

Evenimentele și experiențele din copilărie își pun amprenta nu doar asupra emoțiilor, a gestionării și manifestărilor lor, ci și asupra stării organismului nostru. Cei mai mulți suntem conștienți de reacția de tipul „luptă sau fugi", răspunsul fiziologic pe care-l are corpul la o amenințare reală sau percepută. Când ne simțim în pericol, sistemul nostru nervos simpatic stimulează glandele adrenale să secrete catecolamine (substanțe chimice cunoscute drept neurotransmițători, deoarece trimit semnale altor celule), precum adrenalina și noradrenalina. Secretarea acestor neurotransmițători stimulează corpul să se pregătească fie de luptă (fizică sau verbală, prin țipete), fie de fugă, prin intensificarea respirației, a pulsului și a presiunii arteriale. Posibil să observi și că ți se usucă gura, corpul începe să tremure, sistemul digestiv e modificat (poate apărea diareea), îți simți pielea lipicioasă, devii palid sau roșu la față. Aceste semne și reacții fizice fac toate parte din procesul prin care corpul se pregătește să-ți apere viața, prin fugă sau prin luptă. Odată ce amenințarea (sau percepția unei amenințări) trece, durează între 30 și 60 de minute până când corpul revine la starea dinainte de stres. Majoritatea putem recunoaște cu ușurință aceste reacții, mai ales când vine vorba de tensiunile cu copiii. Parcă ni se urcă sângele la cap, iar dacă ne acordăm o clipă ca să ne observăm reacțiile, simțim cum ni se încordează mușchii și maxilarul, pulsul se întețește, respirația devine sacadată. Deseori, aceste reacții sunt urmate de pierderea controlului emoțional – sau de ceea ce eu numesc „furia părintelui". Dacă am reuși să le identificăm un pic mai devreme, am putea face pașii necesari ca să-i transmitem corpului că amenințarea e doar percepută și că suntem în siguranță. O să vorbim despre asta puțin mai încolo în acest capitol.

Cu toate că informațiile despre reacția de tipul „luptă sau fugi" sunt destul de cunoscute, majoritatea adulților par mai puțin conștienți de reacțiile de blocaj și de supunere. Reacția de blocaj în situația de stres înseamnă că nu mai reacționăm deloc, nici emoțional, nici fizic. Seamănă cu reacția de tipul „luptă sau fugi" în sensul că e automată sau dincolo de controlul nostru conștient: e ca și cum ai încremeni pe loc, nemaiputând să-ți miști mâinile și picioarele sau ținându-ți respirația fără să-ți dai seama. Pot apărea și simptome mai pronunțate precum dificultatea de a vorbi sau de a găsi cuvintele potrivite, senzația de vertij, confuzia mintală, tulburările de memorie. Dintr-o perspectivă evoluționară, reacția de blocaj e un fel de „a face pe mortul" în fața unei amenințări și tinde să apară ca formă de autoprotecție de-a lungul timpului. E mult mai probabil să survină atunci când atacatorul (sau cel perceput ca fiind atacatorul) e mult mai mare și mai puternic decât tine, de exemplu în interacțiunile părinte–copil. E posibil să-ți amintești o perioadă din copilărie când te-ai simțit amenințat, nu doar fizic, ci și verbal și emoțional, de către un adult, iar corpul tău a decis subconștient că cea mai bună reacție ar fi non-reacția. Acum, ca adult, privești retrospectiv și te întrebi de ce nu ai reacționat, de ce n-ai spus nimic. Dar e genul de abordare retrospectivă care ignoră totalmente impactul fizic și emoțional al blocajului din acel moment. Nu ai reacționat pentru că nu ai *putut*.

Cum poate oare să-ți afecteze relația cu copilul reacția de acest tip? Ei bine, e posibil să intri în această stare dacă te simți amenințat de vorbele și acțiunile copilului, sau chiar de ale altora, dacă sunt și martori. Sau poate situația se aseamănă cu una din copilărie, ceea ce declanșează subconștient blocajul. Nu știi poate cum să reacționezi, iar mai târziu începi să-ți reproșezi că n-ai știut ce să faci, că n-ai fost un părinte mai bun, fără să recunoști starea fizică și emoțională dificilă în care te-ai aflat.

Reacția finală, cea de supunere, e probabil cea mai puțin cunoscută dintre cele patru reacții la stres sau traumă. Aceasta apare când ne simțim amenințați de cineva și în mod instinctiv, automat, încercăm să-i facem pe plac agresorului (sau celui perceput ca fiind agresor). E o formă de autoapărare, un mecanism de protecție menit să ne apere de alte atacuri fizice sau verbale din partea agresorului. În cazul unei interacțiuni dintre un copil și un părinte sau tutore, reacția de supunere apare cel mai probabil atunci când adultul e abuziv într-un fel sau altul ori când disciplinează într-o manieră autoritară (disciplină prin frică și pedeapsă). Ca să evite alte atacuri emoționale sau fizice, copilul își deghizează teama și emoțiile puternice, căutând să-l împace și să-i facă pe plac adultului. Cu toate că este dezadaptivă (nesănătoasă), această reacție la factorii de stres (sau la percepția lor) poate continua și la maturitate. Și își poate pune amprenta asupra relațiile noastre cu partenerii de viață, cu prietenii și colegii, având deseori drept rezultat reprimarea emoțiilor și a nevoilor proprii, în încercarea de a-i face pe alții fericiți. Comportamentele de supunere vor să „facă pe plac" oamenilor și pot surveni și în relațiile cu copiii noștri. În încercarea subconștientă de a evita conflictul, alegem să cedăm în fața copiilor, și astfel ei nu vor suporta consecințe în urma purtării urâte. De aici senzația că avem și mai puțin control asupra situației, că ne ignorăm propriile nevoi și emoții, până într-acolo încât fie ajungem la burnout (sau extenuare), fie răbufnim când presiunea devine prea mare. Vom vorbi ceva mai departe despre relațiile cu ceilalți, mai ales cu alți adulți, despre chinul celor care se străduiesc să le facă pe plac altora, precum și despre necesitatea (și modalitățile) de a avea grijă de tine însuți.

Care e stilul tău predominant de a reacționa la stres?

Odată ce devii conștient care e stilul tău predominant de a reacționa la stres, poți să-ți identifici, să observi și să-ți controlezi reacțiile tipice. Următoarele trei întrebări îți pot oferi mai multe detalii despre stilul tău predominant, dacă nu cumva te-ai recunoscut deja în descrierile anterioare.

Întrebarea 1

Când te simți amenințat sau ești stresat de ceva, ce senzații fizice observi de regulă în corpul tău?

A. Maxilarul încleștat și mușchii încordați
B. Puls accelerat
C. O greutate sau amorțeală în corp, parțial sau peste tot
D. Greață și fluturi în stomac

Întrebarea 2

Când te simți amenințat sau ești stresat de ceva, ce gând îți trece cel mai probabil prin minte?

A. „Trebuie să-mi apăr teritoriul. Eu dețin controlul aici."
B. „Trebuie să mă țin ocupat. Dacă sunt distras, n-o să mai fiu așa stresat."
C. „Nu pot să mă ocup de asta acum. Vreau ca toată lumea să mă lase în pace."
D. „Aș prefera să fie fericiți, chiar dacă asta înseamnă să nu-mi spun părerea."

Întrebarea 3

Cum crezi că te-ar descrie prietenii și familia atunci când ești stresat?

A. „E predispus să țipe și să urle."
B. „Tinde să se panicheze și se grăbește. Mereu e pe fugă."
C. „Are tendința să se retragă în sine, ținându-i pe ceilalți la distanță."
D. „Mereu își face griji cum se simt ceilalți și evită în mod activ conflictul."

Dacă ai răspuns în majoritate:

A: Predominant la tine e stilul „luptă".
B: Predominant la tine e stilul „fugi".
C: Predominant la tine e stilul „blocaj".
D: Predominant la tine e stilul „supunere".

Teoria polivagală

În anii '90, psihiatrul american Stephen Porges și-a prezentat ideea teoriei polivagale.[3] Oamenii au 12 perechi de nervi cranieni, care conectează creierul de alte părți ale corpului. Unul dintre aceștia, nervul vag, conectează creierul cu inima, plămânii și sistemul gastrointestinal. Toate acestea sunt cele mai implicate părți ale corpului în reacția clasică de „luptă sau fugi". Nervul vag (sau, mai degrabă, perechea de nervi) e cel mai lung nerv cranian al corpului. Acesta pornește din trunchiul cerebral și trece dincolo de urechi, pe gât și apoi se duce în josul toracelui (zona coastelor), terminându-se în abdomen.

Porges e de părere că nervul vag nu numai că dă naștere reacției „luptă sau fugi", dar poate s-o și calmeze, declanșând starea de relaxare. El crede că, dacă stimulăm nervul vag și ne concentrăm pe trecerea de la stres și tensiune la relaxare, putem să provocăm un răspuns fiziologic, făcând corpul să creadă că e în siguranță. Teoria aceasta îmi sună foarte plauzibil, însă are numeroși critici. Cel mai adesea i se reproșează că afirmațiile nu pot fi dovedite. Dincolo de lipsa de dovezi, mi se pare totuși un concept foarte util pentru părinți, deoarece oferă sfaturi reale, concrete, ce pot fi urmate pentru a atinge starea de calm.

Cum îți faci corpul să se simtă în siguranță și cum îți stimulezi nervul vag (procedeu deseori numit îmbunătățirea tonusului vagal)? Iată câteva tehnici foarte simple și rapide, ce pot fi puse în practică în momentele de stres:

- Concentrează-te pe încetinirea ritmului respirației. Inspiră de mai puține ori pe minut și dă aerul afară mai lent decât inspiri.

- Concentrează-te pe respirații mai adânci, fiecare respirație începând în abdomen (cunoscută drept respirație „diafragmatică“ sau „din stomac“), și mărește cutia toracică când inspiri.
- Gargara, fredonatul sau cântatul tare îți stimulează corzile vocale, care se află lângă nervul vag.
- Folosește expunerea la rece, precum 30 de secunde de apă rece la sfârșitul dușului.

Orice ar spune criticii, eu mereu recomand teoria polivagală părinților stresați. Cel puțin vor petrece câteva momente pe zi fiind conștienți de respirația lor, iar în cel mai bun caz își pot schimba substanțial reacțiile la stres, dând corpului senzația de siguranță. La rândul lui, acest lucru va afecta modul în care interacționează cu copiii lor, făcându-i și pe ei să se simtă mai calmi și mai în siguranță. Așa cum spune doctorul Porges, „dacă vrei să faci lumea mai bună, începe prin a-i face pe oameni să se simtă în siguranță“.

Cum vindeci rănile copilăriei?

Vestea bună e că fără urmă de îndoială poți să identifici experiențele dureroase din copilărie și să le vindeci. Vestea proastă e că nu există nici o soluție rapidă. Scopul tău e, în primul rând, să devii conștient de evenimentele traumatizante sau condiționările negative. Acest efort conștient e cel mai important pas, deoarece, odată ce ne dăm seama cine suntem, ce ni s-a întâmplat și cum ne influențează trecutul viața din prezent, putem crea un plan personal pentru viitor. După ce devii mai conștient de efectele pe care le are copilăria ta asupra interacțiunilor cu propriii copii, următorul pas e să înveți să reacționezi și să răspunzi într-un mod mai echilibrat. Pentru asta, trebuie să găsești un mod de eliberare sigur, pentru orice suferință și durere, permițând astfel emoțiilor mari și reprimate din tine să se risipească. Nu există o soluție universală în acest sens. Unii preferă să recurgă la tehnici terapeutice, consiliere profesională și terapie, alții preferă mișcarea sau sportul, arta, muzica sau vizualizările autoghidate, afirmațiile-mantre sau tehnicile de mindfulness. Însă elementul comun al tuturor este ideea că-i important să ai grijă de tine. Vom discuta mai mult pe această temă în capitolul 9.

Dacă nu știi de unde să începi sau care e cea mai bună cale pentru tine, următoarele cinci puncte te-ar putea ajuta. Inițialele lor alcătuiesc cuvântul „COPIL", ca o recunoaștere a copilului din tine.

- **C**onștientizarea: recunoaște trauma și impactul pe care-l are asupra ta.
- **O**feră spațiu emoțiilor: dă-ți voie să le simți pe toate fără nici un risc. Recunoaște diferența dintre a fi tu în mod autentic și a-ți masca emoțiile în fața celorlalți.
- **P**une reflectorul asupra factorilor declanșatori, vezi cum reacționezi la stres și identifică răspunsul corpului tău. Ce poți afla despre tine din interacțiunile cu copilul tău?
- **I**nclude în viața ta tot ce te-ar putea susține și îndruma în această călătorie: un profesionist în sănătatea mintală, un grup de sprijin sau alte contacte de pe rețelele de socializare care să te ajute să te simți în siguranță și să te inspire.
- **L**ămurește-ți câteva scopuri mici, realiste și realizabile. Ai răbdare cu tine și oferă-ți timp: fă pași mici în mod consecvent, nu urmări salturile imense.

Ce spun părinții

Am întrebat mai mulți părinți ce anume i-a ajutat să-și vindece rănile din copilărie. Iată câteva dintre răspunsuri:

> Nu-mi reprim emoțiile neplăcute, doar ca să erupă la furie. Încerc să le procesez. Fie scriu în jurnal, fie vorbesc cu un prieten sau un consilier.
>
> Terapie, ca să-mi înțeleg trecutul. Sinceritate. Abilitatea de a fi vulnerabilă (într-un loc sigur). Compasiune față de sine. Îngrijirea copilului meu interior și îndeplinirea nevoilor mele ajută și ele.

Îmi place să mă imaginez vorbind cu mine cea din copilărie și îi spun că e îndeajuns, că nu e vina ei, că o să devină un adult fericit, încrezător și iubit.

Mă ajută să-mi amintesc că părinții mei au făcut ce au știut mai bine cu informațiile pe care le aveau la dispoziție atunci. Mă ajută să-mi dau seama că nu urmăreau în mod conștient să mă dea peste cap.

Am răbdare cu mine. Știu că toți suntem puțin stricați și asta e în regulă. Toți suntem lucrări în desfășurare.

Câteva exerciții care să te ajute în călătoria ta spre vindecare

Pentru început, am inclus 10 exerciții care să te ajute să te gândești la factorii declanșatori și să încerci să scapi de traumele trecutului. Nu trebuie să le faci pe toate, alege-le doar pe cele care simți că ți se potrivesc. Poți face un exercițiu sau două acum și să te întorci la acest capitol în următoarele săptămâni și luni. Nu există metodă corectă sau greșită, important e ce funcționează pentru tine. Dacă un exercițiu ți se pare util în mod deosebit, e o idee bună să-ți înregistrezi și să-ți datezi răspunsurile azi, apoi să le revezi, repetând exercițiul într-o lună sau două, pentru a vedea dacă s-au produs schimbări în modul în care gândești și te simți.

EXERCIȚIUL 1: Identifică factorii declanșatori cheie

Așa cum am menționat pe parcursul acestui capitol, conștientizarea experiențelor din trecut și a modului în care te-au modelat, mai ales ca adult, e cel mai important pas pe care poți să-l faci spre vindecare. În acest exercițiu, vom cerceta ce se poate afla în spatele comportamentelor tale și al crezurilor limitative. Pe măsură ce citești fiecare rând din tabel, poți să marchezi coloana finală cu un C (Clar mi se aplică), P (Poate mi se aplică) sau N (Nu, nu mă reprezintă). În josul tabelului sunt câteva rânduri goale, unde poți adăuga alte comportamente de-ale tale și declanșatorii pe care-i identifici.

Comportament sau convingere	Posibili declanșatori	Ți se aplică ție?
Nevoia de a te face plăcut celorlalți	Cauți validare deoarece n-ai primit dragoste necondiționată când erai copil. Ai fost crescut cu prea multe aprecieri superficiale. Stima de sine se bazează pe părerea celorlalți despre tine.	
Nevoia de a le face pe plac oamenilor (îți ignori propriile nevoi ca să le satisfaci pe ale altora)	Ai fost învățat să fii politicos cu cei din jur, indiferent de cum te simțeai. Lumea se aștepta să fii „bun" și ascultător când erai mic, îți schimbai comportamentul ca să le faci pe plac adulților.	
Evitarea cu orice preț a conflictului	Când erai copil, ți s-a spus să asculți, iar lumea se aștepta să fii supus. Erai pedepsit când te purtai fără oprelişti sau încercai să „dai replica" pentru a-ți explica alegerile sau a arăta că nu ești de acord cu cei din jur.	

Comportament sau convingere	Posibili declanșatori	Ți se aplică ție?
Senzația de furie sau indignare când copilul e nepoliticos față de tine	Ai fost certat sau pedepsit pentru că îți exprimai părerile. Ai fost crescut cu convingerea că adulții au mereu dreptate și merită mai mult respect decât copiii.	
Comparații constante între tine și ceilalți	Sentimentele și nevoile ți-au fost ignorate în copilărie, prin urmare la maturitate cauți validare. Când erai mic se făceau mereu comparații între tine și frații sau surorile tale (aceștia fiind favorizați).	
Perfecționism	Nu ți s-au recunoscut eforturile și strădania. Ai fost lăudat și răsplătit doar când atingeai excelența. Adulții aveau așteptări nerealiste de la tine, ceea ce ți-a crescut teama de eșec. Nu ai primit sprijin emoțional când aveai nevoie și, prin urmare, ți-e rușine dacă nu poți să faci față singur unei situații sau alteia.	

Comportament sau convingere	Posibili declanșatori	Ți se aplică ție?
Obsesia curățeniei	Aceasta e o încercare de a ține sub control lucrurile, ceea ce nu reușeai în copilărie. Ai fost crescut de părinți care s-au luptat și ei cu perfecționismul și comparațiile (convingerea subconștientă e că, într-un fel, curățenia e o măsură a valorii).	
Incapacitatea de a te relaxa / supraîncărcarea cu sarcini	Abordările din sfera disciplinei implică metode de distragere a atenției, ca să eviți să te gândești la emoțiile tale și să le înfrunți. Reacția predominantă e cea de „fugă" atunci când acasă situația e stresantă.	
Evitarea situațiilor de vulnerabilitate	Ai fost crescut să nu vorbești despre emoții sau să te gândești la ele, punându-se accent pe „a fi puternic". De exemplu: „curaj", „fii tare", „copiii mari nu plâng!" Erai pedepsit sau exclus când te purtai sau îți arătai emoțiile liber.	

Comportament sau convingere	Posibili declanșatori	Ți se aplică ție?
Lipsa de încredere în ceilalți	Ai crescut fără a avea pe cineva căruia să-i mărturisești temerile și grijile tale. Când erai mic, nu te puteai baza pe nimeni c-o să te ajute, prin urmare, ai crescut cu ideea că singura persoană în care te poți încrede ești tu. Trăsătura aceasta e adeseori asociată cu perfecționismul.	
Evitarea situațiilor de vulnerabilitate	Ai fost crescut să nu vorbești despre emoții sau să te gândești la ele, punându-se accent pe „a fi puternic". De exemplu: „curaj", „fii tare", „copiii mari nu plâng!" Erai pedepsit sau exclus când te purtai sau îți arătai emoțiile liber.	

Comportament sau convingere	Posibili declanșatori	Ți se aplică ție?

EXERCIȚIUL 2: Observă-ți reacțiile organismului

E necesar să fim conștienți de senzațiile din corpul nostru, mai ales când simțim că stresul se intensifică și apar primele semne de furie sau frustrare: în acest fel putem observa primele simptome și semnale de avertizare pe viitor. Aceasta înseamnă să fim „proactivi" în eforturile de a ne calma. Încearcă să fii atent la tine când te simți calm și observă:

- cum îți ții maxilarul;
- cât de încordați îți stau umerii;
- cât de repede îți bate inima;
- cum se simte pielea de pe palme;
- ce senzații remarci în abdomen;
- cum îți sunt picioarele;
- cât de profundă e respirația;
- dacă îți simți corpul încordat în vreun fel;
- dacă ești destul de hidratat.

Tura următoare când te încearcă emoții greu de controlat sau te afli într-o situație tensionată cu copilul tău, acordă-ți un minut ca să-ți analizezi corpul din nou, punând aceleași întrebări. Ce diferențe observi? Poți să-ți imaginezi cum se relaxează vreo parte tensionată a corpului? Dacă practici în mod regulat exerciții de relaxare, vei izbuti să-ți păstrezi calmul.

EXERCIȚIUL 3: Scrie-i o scrisoare celui care erai în trecut

Ia un pix și o foaie de hârtie, sau laptopul, sau tableta, ce preferi tu, și scrie-ți o scrisoare ție, cel din copilărie. Alege o vârstă când simți că ți-ar prinde cel mai bine vorbele tale, poate când aveai trei ani, cinci ani, zece ani sau chiar 18. (Întreabă-te la ce vârstă ai fi avut nevoie cel mai mult de ajutorul tău și ai încredere în primul răspuns care-ți vine instinctiv în minte.) Începe scrisoarea astfel: „Dragă eu la vârsta xx“ (completează spațiile în consecință). Apoi gândește-te ce ai vrea să știe versiunea ta din copilărie. Sau ce ți-ar plăcea să-ți spună într-o scrisoare, dacă ți-ar răspunde. Imaginează-ți că răspunsul versiunii tale din copilărie te-ar poate ajuta să te conectezi la anumite sentimente pe care le-ai îngropat sau reprimat.

După ce ai terminat scrisoarea, întreabă-te dacă simți nevoia să-i scrii celui care erai la altă vârstă și repetă procesul, până când simți că exercițiul e complet.

EXERCIȚIUL 4: Transformă criticile în complimente

Ce critici ai primit când erai mic de la părinții tăi sau alte persoane importante din viața ta? Notează-le pe toate. După ce ai terminat, taie cu pixul toate criticile și scrie în locul fiecăreia câte un cuvânt nou, pozitiv.

EXERCIȚIUL 5: Fii părintele tău și educă-te din nou

Închide ochii și imaginează-ți că-ți revizitezi trecutul, alegând un moment în timp când simți că ți-ar fi prins bine un sprijin sau un sfat înțelept. Ce-ți vine în minte? Lasă amintirile să iasă la suprafață. Acum imaginează-te așa cum ești acum, ca adult, stând lângă versiunea ta mică. Gândește-te ce ți-ai spune în acest moment, ca om matur și înțelept. Ce sfat te-ar fi ajutat? Ce ai putea spune sau face ca să-ți oferi alinare? Sau ai putea să creezi un spațiu sigur, unde să plângi și să dai frâu liber trăirilor. Parcurge etapele din copilărie care ți se ivesc în minte și în care simți că ți-ar fi prins bine părerea chibzuită, echilibrată și încurajatoare a unui adult. Cel mai probabil, n-ai scăpat încă de acele temeri și griji, dar ai putea să le înlături treptat dacă ai urma sfaturile date copilului tău interior.

EXERCIȚIUL 6: Identifică-ți ideile eronate despre rolul de părinte

Cu ce idei ai crescut despre ceea ce înseamnă să fii părinte? Ce așteptări ai dus cu tine în rolul tău din prezent, ca părinte? De unde provin ele? Și, cel mai important, sunt corecte și de folos?

De exemplu, crezi că un părinte bun nu țipă? Sau poate copiii unui părinte bun nu sunt lipsiți de respect? Ești de părere că unui părinte bun nu-i e niciodată greu? Sau că ar trebui să aibă o casă curată și bine pusă la punct?

Dacă stai un pic să analizezi originea și acuratețea acestor convingeri în acest mod, te poți elibera de o grămadă de presiune ca părinte.

EXERCIȚIUL 7: Spune-i corpului tău că e în siguranță

Pornind de la teoria polivagală (v. *supra*, p. 35) și continuând cu exercițiul 2, te vei concentra acum pe câteva modalități prin care-ți vei convinge corpul și sistemul nervos că ești în siguranță, mai ales pentru prima ocazie când vei simți că te înfurii. Poți face următoarele:

- Trage aer în piept adânc și lent, concentrându-te pe umflarea abdomenului cu fiecare inspirație.
- Numără inspirațiile și expirațiile, asigurându-te că expirația e mai lungă decât inspirația.
- Fredonează un acord sau scoate un sunet gutural ușor.
- Fă câteva mișcări lente de întindere, fiind atent la fiecare mușchi.
- Observă cum se simte pământul sub picioare și cum te conectezi cu el.
- Repetă în minte „Am încredere, sunt sigur".

EXERCIȚIUL 8: Cine sunt eu cu adevărat?

Scrie, pe o foaie de hârtie sau pe calculator/telefon cum ai răspunde la întrebarea: „Cine sunt eu, dincolo de ideile și așteptările celor care mă cunosc?“ Ce anume te face fericit? Ce te împlinește? Care sunt lucrurile pe care le faci cu pasiune? Un pas important spre împlinirea și fericirea personală constă în a învăța să fii autentic și să te înțelegi pe tine însuți, departe de presiunea și așteptările celorlalți.

EXERCIȚIUL 9: Găsește o rețea de sprijin

Acest exercițiu e important pentru că vorbește despre planificarea unei rețele de sprijin. Nu trebuie să incluzi prieteni sau rude, mai precis, nici măcar oameni pe care i-ai întâlnit în viața reală. Trebuie să planifici totuși o rețea la care să poți apela atunci când ți-e greu. Poate fi vorba despre prieteni din mediul online, grupuri de sprijin sau un terapeut profesionist ori un consilier. Având drept punct de plecare secțiunea de resurse de la finalul acestei cărți, poți întocmi o listă cu organizații și persoane la care să apelezi, pe care să le consulți, astfel încât să-ți construiești o rețea de sprijin.

EXERCIȚIUL 10: Tu cel din viitor, tu cel din prezent

Închide ochii și imaginează-ți cum vei fi peste 10 ani. Un deceniu scurs din această aventură ca părinte. Zece ani de înțelepciune. Zece ani de exersat cum să devii mai calm și să te eliberezi de așteptările și credințele celorlalți. Zece ani de viață autentică. Studiază-ți postura, mimica, mișcările corpului. Ascultă-ți tonul vocii și cuvintele pe care le rostești. Ce are de spus cel care vei fi în viitor versiunii tale din prezent? Are un sfat pentru tine? Poți să te imaginezi pășind în corpul său și încercând o nouă senzație de calm, un nou sens, o altă capacitate de înțelegere. Spre asta tinzi și aceasta e persoana care poți deveni tu. Nu e o comparație sau un orizont de așteptare nerealist. Acesta ești chiar tu! Ascultă de tine cel din viitor, care te asigură că ești capabil să devii persoana și părintele care îți dorești să fii.

Cum rămâne cu discuțiile cu propriii părinți?

Până acum am pus accentul pe individul ca atare, pe dialogurile sale interioare. Ar trebui oare să stăm de vorbă cu părinții, dacă mai sunt în viață? Uneori, conversațiile cu ei, sau în general cu cei care ne-au crescut, ajută la vindecare; alteori însă, pot înrăutăți situația. Nu există un singur răspuns corect aici. Câteodată mă consider norocoasă că ambii părinți mi-au murit când aveam douăzeci și ceva de ani, înainte să devin mamă sau să am prea mult timp pentru introspecție, deoarece acum nu-mi mai rămâne decât să empatizez cu ei și să încerc să le înțeleg comportamentul. Oare dacă ar mai fi fost în viață, aș fi vorbit cu ei despre greutățile pe care le-am resimțit în copilărie? Sinceră să fiu, nu știu. Cert e că, pentru a răspunde la o astfel de întrebare, fiecare trebuie să țină cont de situația sa unică și să-și dea seama dacă o asemenea discuție l-ar ajuta sau mai curând i-ar îngreuna vindecarea. Singurul lucru cu adevărat demn de reținut e că nimic din toate aceste eforturi nu are de-a face cu vinovăția.

Pe scurt

Pe finalul acestui capitol aș vrea să recapitulez câteva dintre cele mai importante puncte pe care le-am discutat:

1. Să fii conștient de ce ți s-a întâmplat în propria copilărie – ce te-a modelat în persoana care ești azi – ar trebui să fie mereu punctul de plecare în efortul de a deveni un părinte mai calm.
2. Odată conștient de aceste lucruri, vei ajunge să-ți cunoști cei mai puternici factori declanșatori: care comportament al copilului tău (sau al altora) îți provoacă o reacție disproporționată? Ce se află dincolo de acest răspuns? De ce te afectează?
3. Fii îngăduitor cu tine însuți. Călătoria aceasta te vulnerabilizează, iar ca s-o poți duce până la capăt trebuie să te simți în siguranță, ceea ce înseamnă să iei lucrurile lent. Uneori e mai greu să-ți dai seama ce ți s-a

întâmplat când erai copil și să te împaci cu acele amintiri și sentimente.
4. Scopul tău e să te accepți cu totul, cu bune și cu rele, și să te străduiești, fără grabă, să te eliberezi de gândurile și credințele care nu-ți mai sunt de folos.

La ce ar trebui să te aștepți, când este vorba despre vindecare? În mod clar, n-ar trebui să te aștepți să devii un cu totul alt om. Nu e fezabil, nici realist, și nu acesta ar trebui să fie scopul tău. Scopul tău ar trebui să fie acela de a fi tot mai bun, de a te accepta așa cum ești și, cel mai important, de a recunoaște de unde ai pornit.

Atunci când analizezi experiențele dificile din copilărie, te afli într-o poziție vulnerabilă și neplăcută. E posibil să fi dezvoltat un mecanism de apărare ca să eviți acest tip de sentimente, sau poate îți dai seama că, în timpul procesului, te bazezi pe mecanisme de apărare și modele comportamentale anterioare care sunt nesănătoase, cum ar fi mâncatul pe fond emoțional sau izolarea. Încearcă să recunoști aceste comportamente atunci când survin. Recunoaște că nu sunt productive și nu-ți mai sunt de folos, nici ție, nici persoanei care vrei să devii. Repetă-ți mereu că tot acest proces e important și solicitant, și că e în regulă să-ți fie frică uneori. Încearcă să analizezi toate aceste trăiri și permite-le să se manifeste, în loc să le dai la o parte.

În fine, cel mai important, nu uita că tot acest proces ia timp. Schimbările majore nu se produc peste noapte. Dacă îți stabilești scopuri nerealiste, riști să dai greș și să te umpli de frustrare. Atunci când faci pași mici și consecvenți e mult mai bine decât să te aștepți să devii brusc părintele zen suprem. A venit acum momentul să încheiem acest capitol și să trecem la cel de-al doilea, care vorbește despre perfecțiune: cum ne seduce ea și de ce nu ne este de nici un folos.

CAPITOLUL 2

În căutarea perfecțiunii: Să facem pace cu eșecurile noastre ca părinți și să nu ne mai învinovățim

Acceptă-ți vulnerabilitatea, vezi partea bună din defectele tale. Vei izbuti astfel să apreciezi lumea din jur și s-o înțelegi mai bine.
— Masaba Gupta, designer vestimentar

„Care crezi că e cel mai mare defect al tău?“ Dacă ți s-a pus vreodată întrebarea asta la un interviu de angajare – și cui nu i s-a întâmplat? –, pun pariu că ai răspuns ceva de genul „Sunt un perfecționist“. Pare un răspuns bun, chiar dacă e un clișeu, nu-i așa? Pentru că spui de fapt: „Sunt foarte atent la detalii, mă concentrez exclusiv pe ce am de făcut și voi trece cu brio orice provocări îmi vei arunca în cale“. Ce angajator nu și-ar dori așa ceva? Perfecționismul e probabil singurul defect privit ca o calitate, nu-i așa? Doar că lucrurile stau diferit în realitate. Perfecționismul e dăunător și periculos, mai ales când crești un copil.

Întâlnesc adeseori părinți care au senzația că își dezamăgesc copilul deoarece au defecte. Consideră că, dacă nu sunt mereu pregătiți și nu se pot ocupa de nevoile lui, atunci nu sunt suficient de buni. Eșecurile, mici sau mari, frecvente sau rare, stau mărturie că nu pot niciodată să se ridice la nivelul propriilor așteptări. Mulți părinți trăiesc într-un ciclu permanent și chinuitor de rușine, vinovăție și regret, întrucât și-au stabilit scopul de neatins al perfecțiunii când vine vorba de creșterea copilului lor. Dacă există o trăsătură care ne împiedică să devenim părinți mai calmi, aceasta este, cu siguranță, perfecționismul.

Trista realitate e că cei care se concentrează pe perfecționism sunt, fără doar și poate, niște părinți buni, tocmai pentru că ar face orice să devină și mai buni, de dragul copiilor lor. Dar acest perfecționism poate să-i și distrugă. Perfecțiunea nu e decât o iluzie, și totuși, când vine vorba de creșterea copiilor, pare să fie etalonul la care visează toată lumea. Și atunci, de vreme ce e o iluzie, suntem meniți eșecului; însă căutarea perfecțiunii e adânc înrădăcinată tocmai în dorința disperată de a evita eșecul. Prin urmare, intrăm într-un cerc vicios de așteptări și țeluri prea înalte, ceea ce duce inevitabil la „eșec“, apoi la vinovăție, depresie și stimă de sine știrbită. Toate ne împing să ne reevaluăm abilitățile de părinte și să țintim spre aberanta perfecțiune. De fiecare dată când facem asta, devenim mai deprimați, în timp ce vocea enervantă din capul nostru șoptește: „Nu ești îndeajuns de bun“. E un ciclu toxic, paralizant, din care trebuie să ieșim, dacă vrem să fim mai calmi.

Ce spun părinții

Am vorbit cu câțiva părinți despre modul în care perfecționismul le afectează abilitatea de a fi calmi. Iată ce mi-au spus:

> Mă lupt mereu cu așteptările mari pe care le au de la mine cei din jur: soțul meu, rudele, prietenii, mediul social, străinii, colegii, bona.
>
> Mă lupt cu presiunea constantă pe care o pun asupra mea, pentru ca viața de familie să meargă fără probleme. Apoi mă simt vinovată că nu petrec mai mult timp cu copiii. Iar asta îmi dă impresia că sunt trasă în prea multe direcții, și ajung până la urmă copleșită de câte am de făcut.
>
> Uneori, propriul meu dialog intern mi se pare stresant, mai ales când nu există nici o dovadă fizică a muncii mele grele. Mă cert și trebuie să-mi reamintesc că am grijă de trei copii mici, și că toți sunt fericiți, doar că e greu.
>
> Sunt foarte frustrată când nu pot să fiu genul de mamă care aș vrea să fiu. Sunt foarte dură cu mine însămi când dau greș sau când nu mă ridic la înălțimea propriilor așteptări.

Eroarea de tip „nirvana" (iluzia soluției perfecte)

La sfârșitul anilor '60, economistul Harold Demsetz a inventat sintagma „eroarea de tip „nirvana" pentru a descrie convingerea unora potrivit căreia există o normă ideală, perfectă, și una imperfectă, defectă. Sau, cu alte cuvinte, mereu există o soluție perfectă pentru ceva și, din cauza acestei presupuse perfecțiuni, alternativa este, prin urmare, imperfectă. Acest tip de gândire privește lumea în alb și negru, fără să ia în considerare nuanțele infinite de gri. Dacă privim lumea prin perspectiva nirvanei (sau a perfecțiunii), nu doar că ne judecăm mai aspru, dar ne și scad șansele de a deveni părinți mai buni, întrucât ajungem să credem că nu mai merită să încercăm. Nu avem cum să ne ridicăm la înălțimea părintelui ideal, fără cusur.

Încercarea constantă de a atinge perfecțiunea și eșecul inevitabil care îi urmează, în creșterea copiilor sau în orice alt domeniu, ne afectează stima de sine. Atitudinea negativă ce rezultă, îndreptată asupra propriei persoane, mărește nivelul de stres, afectează starea de bine, trezește tot felul de sentimente dificile din trecutul nostru și ne proiectează în modul supraviețuire, „luptă sau fugi", blocaj sau supunere. Pe scurt, perfecționismul este dușmanul părinților calmi.

De ce este perfecționismul atât de dăunător pentru părinți?

Perfecționismul are multe dezavantaje, mai ales când ești părinte. S-au făcut numeroase cercetări cu privire la efectele acestuia, iar printre descoperiri se numără și următoarele:[1]

- E mai puțin probabil să delegi sarcini altora, de teamă că nu se pot ridica la nivelul așteptărilor tale. Prin urmare, ajungi să jonglezi cu prea multe sarcini.
- E mai puțin probabil că vei accepta greșelile pe care le faci, ceea ce înseamnă că-ți vei judeca în mod constant aptitudinile, abilitățile și acțiunile. Se adaugă și o doză

redusă de acceptare pozitivă și stimă de sine în cazul reușitelor.

- E mai puțin probabil să accepți greșelile altora, inclusiv ale partenerilor, copiilor și altor membri ai familiei. Ajungi astfel să trăiești într-o stare hipercritică, provocând la rându-i relații tensionate cu cei din jur.
- E mai probabil să te compari cu alții, având iluzia că ei pot atinge perfecțiunea, și deci că sigur e ceva în neregulă cu tine de vreme ce nu poți face același lucru.
- E mai probabil că vei ajunge la epuizare. La așteptările imposibil de atins pe care ți le creezi, la cantitatea foarte mare de muncă (intelectuală și fizică) pe care ți-o asumi, în încercarea de a le îndeplini, și având tendința de a controla totul, e puțin probabil că vei împărți cu alții din povara pe care o duci.
- E foarte probabil să nu fii mulțumit de viața ta și de realizările tale, de vreme ce nu le consideri suficient de bune.
- Foarte probabil vei fi prea puțin încrezător și vei avea un respect de sine scăzut, ca urmare vei suferi de depresie și anxietate din cauza poverii psihologice a perfecționismului.
- Te afli într-o stare constantă de hipervigilență și stres, fiind mereu atent la următorul potențial eșec. Perfecționismul poate să declanșeze o reacție precum cele provocate de stres („luptă sau fugi"/blocaj/supunere) și tot ce implică.
- E mai probabil să fii un „părinte-elicopter" (stai mereu pe lângă copii și încerci să le controlezi fiecare mișcare).
- E mai puțin probabil să-ți placă să fii părinte, având niveluri mai mici de satisfacție și mai mari de stres, deoarece nu îndeplinești scopurile pe care ți le-ai stabilit.
- Sunt șanse mai mari să ai probleme cu respectarea termenelor-limită, cu amânarea îndeplinirii sarcinilor și cu ducerea lor la bun sfârșit. Dacă vrei să faci totul perfect, n-o să mai fii la fel de productiv și, uneori, e posibil chiar să nici nu mai încerci măcar să te achiți de o sarcină, de teama eșecului.

Perfecționismul nu ne afectează însă doar pe noi, adulții. Dacă suntem perfecționiști, e mult mai probabil să creștem copii care vor fi la rândul lor perfecționiști[2] și care se vor identifica la maturitate cu descrierile din lista de mai sus. Perfecționismul e o trăsătură de familie, moștenită de la o generație la alta. Meriți să spargi acest cerc pentru tine, dar, dacă asta nu ți se pare îndeajuns, anihilează-l de dragul copiilor tăi.

Ce se află la baza perfecționismului?

Așa cum am aflat în capitolul anterior, o mare parte din comportamentul nostru ca părinți își are rădăcinile în copilăria noastră și în modul în care am fost crescuți, precum și în relațiile și interacțiunile cu părinții și cei care au avut grijă de noi. Originile perfecționismului nu fac excepție de la regulă, și e foarte posibil ca stilul perfecționist să-și aibă rădăcinile în trecutul tău. Poate ți se aplică unele dintre trăsăturile de mai jos:

- În copilărie, ți s-au impus standarde înalte, fie academice, fie sportive sau artistice.
- Ai fost crescut de o persoană care a trăit prin tine, considerându-ți succesul o măsură a propriei abilități ca părinte sau a propriei valori.
- Ai primit multe laude în copilărie atunci când reușeai ceva, dar eșecurile tale erau pedepsite sau ignorate.
- Ai primit multe recompense materiale în copilărie (precum certificate, insigne, buline, premii și tot așa) când făceai ceva „bine“, ajungând astfel să asociezi subconștient starea de bine doar cu reușitele și câștigurile.
- Ai fost crescut într-o familie care a ignorat problemele emoționale și sentimentele dificile, ca să pară perfectă altora.
- Ai fost crescut ca să-ți dorești lucruri ce nu pot fi obținute, impunându-ți-se țeluri și așteptări prea avansate sau de neatins pentru vârsta și abilitățile tale.
- Ai crescut cu impresia că modul în care te purtai când erai copil controla, cumva, ce simțeau părinții tăi și felul în care se purtau față de tine. De exemplu, credeai că, dacă

erai copilul perfect, ei aveau să fie mai fericiți sau te vor iubi mai mult, ori că relația dintre ei se va îmbunătăți.

- Când erai copil, erai făcut de râs, pedepsit pentru greșelile tale sau exclus din restul familiei, așa că ai crescut asociind iubirea cu perfecțiunea și cu convingerea că dacă ai defecte nu poți fi iubit.
- Ai fost crescut de un părinte care credea că e dovadă de slăbiciune să ai nevoie de sprijin emoțional și, prin urmare, te simțeai rușinat dacă nu puteai să faci față singur unei situații, ceea ce ți-a hrănit dorința puternică de a reuși fără ajutor.
- Nu ai primit destulă afecțiune de la părinții tăi (dintr-un motiv sau altul) și ai crescut crezând că, dacă ești perfect, vor vrea să petreacă mai mult timp cu tine, mai ales ca să se poată da mari cu tine în fața altora.
- Dacă ai frați sau surori, probabil ai simțit că primești mai multă atenție și iubire dacă ai niște standarde înalte, mai ales dacă și ei erau la fel și simțeai că trebuie să-i întreci în realizări, sau cel puțin să fiți la egalitate.
- Poate ai fost crescut de „părinți-elicopter", care erau mereu în alertă maximă și te avertizau cât de rău era să greșești.

Dar nu numai felul în care ai fost crescut te face vulnerabil în fața perfecționismului. Trăim într-o societate consumeristă, care profită de imperfecțiunile și nesiguranțele noastre (percepute sau reale) ca să vândă lucruri. Dacă toți ne-am accepta defectele unice și am avea încredere în abilitățile, înfățișarea și viața noastră în general, ar fi mult mai greu să ni se vândă lucruri. De fapt, am fi coșmarul vânzătorilor. E mult mai ușor să vinzi un produs sau o idee unui public care se simte nesigur și caută încontinuu Sfântul Graal, ca să atingă culmea perfecțiunii. Tocmai de aceea majoritatea reclamelor sunt create pentru a ne submina încrederea în noi și senzația de satisfacție, și ne înconjurăm necontenit și de bunăvoie cu aceste mesaje toxice.

Ce altceva ne mai îndeamnă să fim părinții perfecți? Trebuie să ne uităm la valoarea – sau mai degrabă lipsa de valoare – atașată în prezent creșterii copiilor. Societatea și mai ales statul prețuiesc prea puțin creșterea copiilor. Cei care lucrează în breslele conexe au salarii foarte mici, și adesea dacă alegi o asemenea carieră se consideră că nu ai fost capabil să obții un loc de muncă mai bine plătit și mai solicitant intelectual. Dacă alegi să fii părinte casnic, presa consideră că ești leneș sau un parazit al societății deoarece accepți ajutor financiar de la stat. Nu pot să-ți spun câți părinți de acest tip am întâlnit și care spuneau că sunt „o simplă mamă“ sau „tată și-atât“ când îi întrebam cu ce se ocupă. Parcă și-ar cere scuze că nu contribuie la productivitatea națională și la bugetul public. Creșterea unui copil, cu toate că e, probabil, cea mai dificilă și mai complexă slujbă din lume, e considerată o alegere ușoară, care nu implică muncă. Această lipsă de valoare socială atașată creșterii copiilor ne lasă cu credința subconștientă că trebuie, cumva, s-o facem perfect, ca să le demonstrăm criticilor că se înșală, iar nouă înșine, că suntem „demni de apreciere“.

Cele trei stiluri principale de perfecționism

La sfârșitul anilor '80 și în anii '90, psihologii canadieni Paul Hewitt și Gordon Flett au încercat să măsoare perfecționismul cu ajutorul a ceea ce ei au numit *Scara multidimensională a perfecționismului.*[3] Folosind un chestionar format din 35 de întrebări, ei pot estima nivelul de perfecționism al unui individ. Au ajuns astfel să identifice trei tipuri proeminente de perfecționism.

1. **Perfecționismul orientat spre sine.** E vorba pur și simplu despre modul în care te raportezi la sine. Cuprinde dorința, deseori irațională, de a fi perfect, de a ne ridica la nivelul așteptărilor proprii. Acest stil te reprezintă dacă te regăsești mai jos:
   - „Am standarde foarte înalte în ceea ce mă privește și-mi place să fiu cel mai bun într-un domeniu sau altul.“

- „Mereu simt nevoia de a mă dedica trup și suflet unui domeniu sau altul."
- „Pot să petrec mult timp analizându-mi comportamentul și realizările și certându-mă că n-am excelat."
- „Uneori, amân sau evit să fac ceva pentru că mi-e frică de eșec."

2. **Perfecționismul orientat spre alții.** E vorba de standardul pe care-l stabilim pentru alții, despre felul în care ne simțim atunci când ei nu se ridică la așteptările noastre. E posibil ca acest stil să te descrie dacă te regăsești mai jos:

   - „Pot să fiu destul de lipsit de toleranță cu prietenii mei, rudele sau colegii, dacă aceștia fac greșeli."
   - „Sunt deseori dezamăgit de ceilalți, dacă nu se străduiesc îndeajuns sau dacă depun mai puțin efort decât mine."
   - „Sunt frustrat de oamenii care nu depun efort sau care nu lucrează să se îmbunătățească pe ei ori situația lor."
   - „Mă simt dezamăgit de oameni când nu termină ceva într-un mod pe potriva standardelor mele înalte."

3. **Perfecționismul prescris social.** E vorba despre dorința de a te ridica la așteptările celorlalți. Stima și valoarea de sine sunt asociate cu ce cred alții despre noi și cu impresia (greșită) că toți se așteaptă să fim perfecți. Acest stil poate să te descrie dacă te regăsești mai jos:

   - „Mă simt foarte prost dacă îi dezamăgesc pe ceilalți și nu fac exact ce mi-au cerut."
   - „Simt multă presiune din partea celorlalți să fac lucrurile bine tot timpul."
   - „Simt că, dacă aș avea mai mult succes, ceilalți m-ar plăcea și m-ar aprecia mai mult."
   - „Cu cât mă achit mai bine de sarcini, cu atât am impresia că toată lumea se așteaptă să fiu mai bun."

Poate te identifici cu un anumit stil de perfecționism? Sau poate te regăsești în toate trei? (Am inclus toate informațiile referitoare la testarea nivelului de perfecționism la secțiunea „Resurse" – v. p. 213). Perfecționismul orientat către sine e cel mai comun tip (și cel la care eu obțin cel mai mare scor și cu care mă confrunt), urmat îndeaproape de perfecționismul prescris social. Practic, suntem mult mai duri cu noi înșine decât suntem cu ceilalți. Când vine vorba de rolul de părinte, perfecționismul prescris social e strâns legat de stima și valoarea de sine. Cercetările au descoperit și că, pe cât e mai mare nivelul de perfecționism prescris social al unui părinte, pe atât e mai mare probabilitatea ca acesta să ajungă la burn-out sau extenuare.[4]

Prin urmare, oare secretul pentru a deveni un părinte mai calm e să-ți pese mai puțin de percepțiile și așteptările celorlalți? Eu sunt de părere că da! O abordare utilă în acest punct ar fi să te gândești ce a dus la „eșecurile" pe care poate le-ai avut ca părinte. Deși ne grăbim cu toții să ne învinovățim spunând „Nu sunt suficient de calm", „Nu mă pricep să-mi controlez emoțiile", „Mi-e greu să mă apropii de copiii mei" și tot așa, adevărul e că cel mai adesea de vină e lipsa unor structuri de sprijin, și anume:

- lipsa unei perioade decente de concediu plătit pentru creșterea copilului, ca să ne putem concentra pe el fără grija banilor;
- lipsa sprijinului pentru părinți de la membrii familiei;
- lipsa organizațiilor de sprijin pentru părinți;
- diagnosticarea inadecvată a stării mintale, precum și tratament și servicii de sprijin;
- lipsa consilierii medicale sau profesioniste pentru părinți, a sfaturilor credibile, bazate pe dovezi, pentru creșterea copilului.

Situația actuală se reduce la:

- sfaturile contradictorii adresate părinților;
- reclamele companiilor, create pentru a ne exploata slăbiciunile și a ne face să avem dubii în privința noastră.

Nimic din cele de mai sus nu e din vina noastră, așa că pentru ce ne-am pune la îndoială judecata și abilitățile atunci când întâmpinăm probleme? Clar nu ne vom ridica la așteptările, reale sau percepute, ale altora, pentru că e imposibil. Există o credință nescrisă în societatea noastră, și anume că dacă rolul de părinte ni se pare greu înseamnă că facem ceva greșit. Nici nu punem la îndoială asemenea idei, în schimb ne concentrăm automat pe defectele noastre și ne socotim vinovați pentru impas. Cred că soluția ar fi să vedem cât de ipocrite sunt aceste așteptări și să înțelegem că *toată lumea* are impresia c-o dă în bară. Adevărul e că oamenii sunt atât de preocupați de ce cred alții despre ei, încât nu mai au timp sau energie ca să-i privească cu ochi critic! Dacă am pricepe odată asta, am avea o șansă reală de a mai tăia din tendințele noastre de perfecționiști. Cum facem asta? Pe hârtie pare atât de simplu: transformăm eroarea de tip „nirvana" într-o realitate „suficient de bună".

Părintele suficient de bun

În anii '50, pediatrul și psihanalistul Donald Winnicott a prezentat publicului britanic ideea „mamei suficient de bune", în mare parte printr-o serie de emisiuni radio BBC. Ideea lui Winnicott venea într-o perioadă de mare tranziție, după sfârșitul celui de-al Doilea Război Mondial, iar mesajul său era binevenit, sprijinindu-i pe părinți, încurajându-i să aibă încredere în instinctele lor și să reducă povara perfecționismului. Winnicott credea că bebelușii învață să-și dezvolte independența în principal printr-o serie de mici eșecuri din partea mamei de a satisface nevoile copilului: astfel, bebelușul învață că e în siguranță fără ea. După cum spunea Winnicott: „Aș prefera să fiu copilul unei mame care are toate conflictele interioare ale ființei umane decât al unei mame pentru care totul e ușor și neproblematic, care are toate răspunsurile și nu știe ce e îndoiala".

Bineînțeles, în ciuda denumirii, această idee nu se limitează la mame. Însă în anii '50, când Winnicott și-a definit conceptul, creșterea copiilor era aproape în totalitate în sarcina mamelor, de unde și accentul pus pe mamă, nu pe părinte în general.

Societatea de la mijlocul secolului XX considera că valoarea unei femei era (și unii încă susțin că e) legată de abilitatea ei de a fi o gospodină bună, o soție și o mamă fără cusur, mesajele subconștiente transmise de societate femeilor sugerând că ar trebui să-și asume cu prioritate rolurile de îngrijire a altora. Prin urmare, nu e de mirare că Winnicott și-a concentrat atenția asupra mamelor, cu toate că teoriile lui se aplică și taților.

În ciuda celor 70 de ani care au trecut de la emisiunile lui Winnicott, cercetările moderne încă îi susțin teoriile. În 2019, un studiu realizat asupra celor cu copii având vârsta de 4–12 luni a explorat abilitatea părinților de a oferi alinare bebelușilor care plâng.[5] S-a descoperit că părintele trebuie să „facă ce trebuie" (adică să reacționeze în mod adecvat, oferind alinare și îngrijire) în doar 50% din timp ca să aibă un impact pozitiv asupra bebelușului. Cercetătorul principal al studiului, profesorul asociat de consiliere psihologică Susan S. Woodhouse, a comentat următoarele:

> Poate că-i ajută să știe că bebelușul care plânge se simte în siguranță și dacă e ținut în brațe doar 50% din timp, până se liniștește de tot... Nu trebuie să-l ții în brațe încontinuu: e de-ajuns cam jumătate din timp. Bebelușii sunt foarte înțelegători și nu e niciodată prea târziu. Nu te da bătut. Nu trebuie să fii perfect. Trebuie doar să fii îndeajuns de bun.

Ideea părintelui suficient de bun nu se limitează la bebeluși. Nu contează dacă ai un copil de opt săptămâni, opt luni, opt ani sau chiar 18. Ca părinți, este esențial să învățăm să eșuăm cu grație. Trebuie să înțelegem că e în regulă să trecem prin eșecuri, ba mai mult, că ele sunt chiar mai valoroase decât reușitele noastre ca părinți. Asta deoarece eșecul e precursorul învățării și obținerii de rezultate, atât pentru părinte, cât și pentru copil.

Dar de ce sunt eșecurile noastre ca părinți atât de valoroase pentru copiii noștri?

- Copiii trebuie să învețe cum să greșească și cum să-și ceară scuze după aceea. Cea mai bună modalitate de a învăța asta e să trăiască aceeași interacțiune cu noi.

- Copiii au nevoie să simtă dezamăgire față de părinții lor, deoarece le sunt încurajate astfel independența și noile relații cu alte persoane, pe măsură ce cresc.
- Te poți identifica mai ușor cu părinții care fac greșeli, prin urmare, ei sunt modele mult mai realiste pentru copii.
- Copiii celor al căror scop e să fie părinți „suficient de buni", nu perfecți, e mai puțin probabil să crească perfecționiști.

Din păcate, în cultura actuală oamenii asociază ideea de a fi „suficient de bun" cu a fi un părinte sub medie. Unii o folosesc drept scuză ca să pună pe primul plan nevoile proprii, înaintea celor ale copiilor, în defavoarea unei abordări mai echilibrate, în care nevoile ambelor părți să fie luate în considerare în mod egal. Însă a fi „suficient de bun" nu e același lucru cu a fi „un părinte prost" sau sub medie. În acest caz există beneficii de care un părinte „perfect" – dacă ar exista așa ceva – n-ar dispune. Trebuie să renunțăm la iluzia părintelui perfect (eroarea de tip „nirvana"). În schimb, trebuie să fim pregătiți să întâmpinăm eșecul, să facem pace cu el și să-l privim ca pe un prilej de a învăța și a ne pregăti, deoarece eșecul nu poate fi evitat când ești părinte. Trebuie să ne creștem copiii să fie „suficient de buni", ca să nu poarte cu ei perfecționismul nostru.

Cum să treci de la perfecționism la a fi suficient de bun

A renunța la perfecționism e o călătorie îndelungată. Următoarele șapte exerciții te pot ajuta totuși să pornești la drum. Precum cele din capitolul anterior, nici acestea nu sunt obligatorii. Dacă te poticnești la vreunul, treci la următorul.

EXERCIȚIUL 1: Fă un inventar al gândurilor tale

Pentru acest exercițiu, va trebui să întocmești o listă cu aparentele tale „eșecuri" de pe parcursul câtorva zile sau al unei săptămâni: dacă simți că ai dat chix ca părinte, notează ce s-a întâmplat și ce gânduri ți-au trecut prin minte atunci pe loc și după aceea. După ceva timp, când a mai scăzut intensitatea trăirilor, recitește-ți lista și vezi dacă poți identifica anumite teme, emoții și factori declanșatori recurenți. Recunoașterea, înțelegerea și acceptarea greșelilor sunt pași importanți înspre schimbare. Când ești conștient de ele înseamnă că ai făcut deja jumătate din treabă.

EXERCIȚIUL 2: Întoarce-te în trecut

Retrage-te într-un colț liniștit și plăcut, unde să te relaxezi, în siguranță și încrezător. Revezi cu ochii minții amintirile din copilărie. Poți să găsești una care are legătură cu perfecționismul tău din prezent? Poate că-ți amintești o serbare de la școală, când ai primit o diplomă, sau momentul când ai fost trimis în camera ta de către părinți drept pedeapsă după un acces de furie. Sau poate chiar ți-ai auzit mama ori tatăl cum se lăuda cuiva cu realizările tale. Încearcă să vezi cum te-ai simțit în acele clipe și ce gânduri ți-au trecut prin minte. Ce i-ai spune copilului care erai pe atunci, ca să te ajuți să percepi întâmplarea dintr-un unghi diferit?

EXERCIȚIUL 3: Reinterpretează eșecul

Amintește-ți când ai primit un premiu sau o recompensă și mândria pe care ai simțit-o atunci. Acum imaginează-ți aceeași mândrie, doar că de astă dată primești un „premiu pentru eșec". Participi la ceremonia de celebrare a eșecului și toată lumea te felicită pentru efort (chiar dacă nu ai reușit), pentru perseverență și pentru că înveți în continuare. Ai putea chiar să-ți creezi o „diplomă pentru eșec": scoate-o la imprimantă și lipește-o pe frigider.

EXERCIȚIUL 4: Afirmații pozitive

Alege un moment liniștit din zi, când ai câteva minute doar pentru tine. Poate când faci duș dimineața, te speli pe dinți seara, le pregătești copiilor pachețelul cu mâncare pentru prânz, ești în drum spre serviciu sau dai cu aspiratorul prin casă. Repetă-ți următoarele enunțuri, fie în gând, fie cu voce tare, cum e mai bine pentru tine. Poți și să le listezi și să le lipești undeva unde să le vezi zilnic. De exemplu, pe ușa de la baie.

- Nu mi se întâmplă nimic rău dacă mai dau chix din când în când.
- Perfecțiunea nu poate fi atinsă. E în regulă să fiu doar „suficient de bun".
- Copilul meu are nevoie de mine să greșesc ca să învețe.
- Mă simt bine exact așa cum sunt.
- Omul e supus greșelii.
- Îmi accept rateurile fără să mă învinovățesc.
- E mai de dorit să fii autentic decât perfect.
- Merit iubire, indiferent câte greșeli aș face.

Poate te mai gândești la altele pe care să le adaugi?

EXERCIȚIUL 5: Imaginează-ți dialogul interior al celorlalți

Perfecționismul ne păcălește să credem că altora le vine ușor să exceleze, în principal pentru că oamenii tind să-și trâmbițeze reușitele, nu eșecurile. Fiecare e martorul propriilor greutăți, și de aceea ajungem să ne socotim mult mai puțin competenți și calmi decât alții. Doar că nu ești slab sau un părinte rău dacă ai defecte. E normal să avem slăbiciuni, nimeni nu-i perfect.

Odată ce pricepem că toată lumea are probleme, vom reuși să mai scădem din așteptările pe care singuri ni le impunem. O soluție în acest sens ar fi să ne imaginăm că ceilalți, mai ales cei pe care-i admirăm, au aceleași dubii și aceeași conversație interioară negativă ca și noi. Alege pe cineva care simți că excelează la a fi părinte și imaginează-ți câteva din dubiile și anxietatea pe care le simte zilnic. Dacă ai o relație apropiată cu această persoană, poți s-o rogi să-și împărtășească gândurile și sentimentele cu tine.

EXERCIȚIUL 6: Stabilește-ți țeluri mici, realiste, realizabile

Știm că perfecționismul duce adesea la tactica de a amâna și evita să faci un anumit lucru, de teama eșecului. În această călătorie spre atingerea calmului, stabilirea unor țeluri realiste e un pas foarte important. Trebuie să-ți recunoști și să-ți accepți limitele, trebuie să fii realist în privința așteptărilor pe care le ai de la tine. În loc să te arunci cu capul înainte și să spui „Voi deveni un părinte mai calm până la sfârșitul verii" sau „Voi fi cu totul diferit când voi termina de citit cartea asta", concentrează-te pe câte o zonă pe rând. De exemplu, spune-ți astfel: „Luna viitoare, voi depune eforturi ca să mă accept mai mult și să nu mai fiu atât de perfecționist". Ar trebui să fii realist și în privința perioadei de timp și a lucrurilor pe care le poți realiza. Pașii mici și consecvenți sunt mult mai buni decât salturile mari și imprevizibile. Încearcă să petreci o oră gândindu-te la țelurile tale și notându-le. Sigur că poți fi entuziasmat, dar e vital să-ți ții puțin optimismul în frâu, ca să nu-ți stabilești țeluri nerealiste.

EXERCIȚIUL 7: Găsește nuanțele de gri

Să ne amintim de eroarea de tip „nirvana", când lucrurile se percep doar în alb și negru: într-un capăt e părintele perfect, iar în celălalt, părintele rău. Acest exercițiu ne învață cum să vedem nuanțele de gri dintre cele două extreme: poți să fii undeva la mijloc, poți să fii „suficient de bun". Dacă seara îți analizezi felul în care te-ai purtat cu copilul tău peste zi, renunță la dualitatea perfect–rău. În schimb, concentrează-te pe zona gri de mijloc, fii convins că *într-adevăr* e de-ajuns să fii doar „destul de bun". Cel mai probabil, va fi nevoie de mai multe încercări până să te simți confortabil în zona gri, dar devine tot mai ușor pe măsură ce-i recunoști existența și validitatea.

Pe scurt

Ne apropiem de sfârșitul acestui capitol și vreau să recapitulez câteva dintre cele mai importante idei cu privire la perfecționismul părintelui:

- Perfecționismul e dușmanul părinților calmi. Ne induce o stare de neliniște și hipervigilență, și vom irosi timpul reacționând la factorii de stres. Dacă reacția ta predominantă e de tipul „luptă", cel mai probabil o să te înfurii și o să-ți pierzi cumpătul în fața copilului.

- E mult mai probabil să ajungi la burnout când ești perfecționist.
- Părintele perfect nu există. Eroarea de tip „nirvana" e contracarată de ideea zonei gri, de mijloc, zona compromisului acceptabil. E imposibil să fim perfecți, nu înseamnă însă că suntem părinți răi.
- Cel mai probabil, perfecționismul unui individ își are rădăcinile în copilăria sa. Dacă devii conștient de acest lucru, de impactul pe care-l are asupra comportamentului tău din prezent, deja faci primul pas înspre eliberarea de lanțurile perfecționismului.
- Perfecționismul e moștenit: copiii celor perfecționiști e mult mai probabil să fie perfecționiști la rândul lor. Dacă izbutești să ții în frâu această tendință, nu ai doar tu de câștigat, e bine și pentru copiii tăi.
- E preferabil să fii „suficient de bun" decât să te străduiești să fii perfect. Copilul cu părinți „suficient de buni" învață cum să facă față eșecurilor și cum să-și repare greșelile. În plus, se simte încurajat să fie mai independent și îi vine mai ușor să se identifice cu părintele.
- Renunțarea la perfecționism e un proces de durată. Perfecționiștii au tendința să amâne sarcini atunci când li se par prea grele. De asemenea, e mult mai probabil să renunțe cu totul atunci când dau greș într-o sarcină. E necesar să-ți stabilești țeluri realiste, cu pași mici, ca să eviți asta.

Sper că acest capitol ți-a oferit o perspectivă asupra tendințelor perfecționiste pe care poate le ai. Am menționat mai devreme că înregistrez un scor foarte mare la perfecționismul orientat spre sine. Sunt, la propriu, cel mai mare dușman al meu. De asemenea, am un scor peste limită la perfecționismul prescris social, iar motivul central îl reprezintă, cred, tendința mea de a mă compara cu ceilalți, o trăsătură extrem de frecventă printre părinții cu care am lucrat. De aceea capitolul 3 e dedicat în întregime acestui blestem al comparării cu ceilalți, care ne pune bețe în roate în strădania noastră de a deveni părinți mai calmi.

CAPITOLUL 3

Blestemul comparării cu ceilalți: De ce ne afectează și ne păcălește

Nu te mai tot gândi că faci totul greșit. Drumul tău nu seamănă cu al altcuiva, pentru că nu are cum, nu ar trebui s-o facă și n-o să facă. — Eleanor Brownn, autoare de literatură motivațională

Studiile arată că, în medie, ne petrecem 12% din zi gândindu-ne cum ne comparăm cu ceilalți.[1] Din clipa în care venim pe lume, ne aflăm sub semnul comparației: suntem cântăriți, măsurați și înscriși într-o diagramă a nou-născuților. Pe măsură ce învățăm să mergem de-a bușilea, să ne ridicăm în picioare, să pășim și să vorbim, abilitățile ne sunt comparate în mod constant cu ale celor de aceeași vârstă. Mergem la școală, iar existența noastră, valoarea ne sunt măsurate în procente, calificative la teme, note la lucrări de control. Când primim rezultatele la examene, la 16 ani, știm exact cum ne comparăm cu media națională, la ce subiecte am obținut cele mai bune rezultate și la care nu am excelat. La locul de muncă, facem comparații între salarii, beneficii, promovări și prime. Când avem copii la rândul nostru, cercul comparațiilor se împlinește printr-o serie nesfârșită de întrebări, nu doar dinspre ceilalți, ci și dinspre noi: cât a cântărit la naștere? Câte ore doarme pe noapte? Când a învățat să meargă? Câte cuvinte știe? Copilul meu se încadrează în grafic? Am făcut o treabă suficient de bună? Comparațiile nu se mai termină, pur și simplu nu putem scăpa de ele. Sunt adânc înrădăcinate în viața noastră. Trăim într-o lume care ne face să ne întrebăm în mod constant: e în regulă așa cum sunt?

Problematic nu e atât faptul că facem comparații, cât felul în care acestea ne afectează existența. Născocim povești despre ceilalți, povești atât de bine închegate, încât ajungem să ne convingem pe noi înșine că suntem în neregulă.

Și totuși, cea mai mare problemă e că, atunci când comparăm, nu comparăm lucruri aflate la același nivel. Ne comparăm realitatea cu o versiune fantezistă pe care am construit-o despre altcineva. E vorba, din nou, despre eroarea de tip „nirvana“ (v. p. 51). Pe noi ne cunoaștem foarte bine. Ne știm defectele și căderile, îngrijorările și nesiguranțele, și presupunem că le știm și pe ale celorlalți. Doar că nu e așa.

Seamănă oarecum cu o tapiserie frumoasă și complexă expusă într-un muzeu. Pentru privitor, pare desăvârșită, cusută de mâini foarte pricepute. Dar ce nu vezi când e expusă acolo, în toată splendoarea, e haosul de noduri întortocheate din spate, lipite de perete, ascunse privirii. Noi suntem spatele tapiseriei; ceilalți sunt imaginea fără cusur expusă vederii. Cele două dimensiuni nu sunt comparabile, și totuși exact asta facem noi zilnic. Ne privim pe noi înșine în mod subiectiv, iar pe ceilalți, obiectiv. Dar în realitate toată lumea e dată peste cap, fix ca noi, doar că nu arată asta.

Te-ai simțit mulțumit de munca ta sau mândru de abilitățile de părinte? Poate ți-a ieșit bine o prezentare sau ți-a venit o idee grozavă pentru o activitate nouă, care să-ți țină copilul ocupat. Ți-ai dat voie să te simți fericit. Să simți bucuria reușitei. Care însă se risipește rapid când îți dai seama că altcineva a făcut toate astea mai bine decât tine. Un coleg a avut o prezentare mai izbutită, într-un timp mai scurt, și care a fost mai bine primită de public. Sau ți-ai deschis contul de Instagram și ai văzut propuneri cu activități senzoriale mult mai complexe și antrenante decât ale tale. Dintr-odată, te-ai simțit inferior. Ceilalți au fost mai buni decât tine. Tu nu ai fost îndeajuns de bun. Iar sentimentul de mândrie și de izbândă se destramă repede. Comparația poate să-ți schimbe într-o fracțiune de secundă starea și felul în care te percepi.

Cum ne poate ajuta tendința de a face comparații

Există și situații când poate prinde bine să facem comparații cu alții. Iată mai jos câteva posibile avantaje:

- Ne ajută să ținem sub observație momentele importante ale copiilor noștri în relație cu alții de vârstă similară și să cerem ajutor dacă simțim că se află în afara normei așteptate.
- Când ne comparăm cu alți părinți, s-ar putea să găsim câteodată inspirație și să preluăm cele mai bune exemple, pentru a ne îmbunătăți comportamentul.
- Când facem o comparație între cei care suntem în prezent și cei din trecut, putem vedea cât de mult am progresat și să apreciem eforturile făcute.
- Ne ajută în exercițiul recunoștinței atunci când ne dăm seama că într-adevăr suntem mai norocoși decât alții.
- În caz de impas, compararea cu alți părinți ne poate ajuta să găsim o soluție, sesizând cum au procedat alții într-o situație similară.
- Prin intermediul comparației înțelegem cum se simt alții, și deci empatizăm mai puternic cu ei.
- Pe măsură ce înțelegem cum gândesc și reacționează ceilalți, inclusiv în raport cu noi, relațiile noastre se pot îmbunătăți, și deci crește armonia dintre noi.

Cel mai valoros lucru pe care ni-l poate aduce tendința de a face comparații e, probabil, că începem s-o vedem ca pe un efect secundar al strădaniei de a deveni mai bun. Ironia face că tot ea ne poate rătăci drumul.

Cum ne poate dăuna tendința de a face comparații

Efectele negative sunt numeroase și includ următoarele:

- Are un impact similar asupra corpului ca și durerea fizică. Atunci când suntem răniți în imaginea noastră socială (prin comparație, printre altele), percepția și experiența durerii fizice e accentuată.[2]

- Deseori, ne poate stârni resentimentul față de obiectul comparației, deoarece simțim că nu ne ridicăm la înălțimea așteptărilor.
- Cu cât ne comparăm mai mult cu alții, cu atât ne inducem ideea că nu suntem îndeajuns de buni. Această poveste, deși născocită, e foarte credibilă și ne distorsionează capacitatea de a vedea realitatea așa cum e, ducând la prăbușirea stimei de sine.
- Când ne comparăm cu alții, pierdem din vedere propriile scopuri și țeluri. Cu toate că urmărim să devenim părinți mai calmi, de fapt suntem tot mai preocupați să semănăm cu cei cu care ne comparăm, în loc să ne raportăm la sine.
- Indiferent de cât de bine ne-am descurcat, comparația ne face să ne desconsiderăm reușitele, deoarece îi percepem pe ceilalți ca fiind mai împliniți decât noi.
- Comparația ne face mai defensivi și crește probabilitatea de a ne minți singuri sau de a măslui realitatea, ca să ne ridicăm la nivelul celorlalți.[3]
- Ne subminăm cele mai bune trăsături prin tendința de a ne minimiza, în fața impunătorului obiect de comparație.
- Putem ceda în fața nivelului mare de perfecționism, mai ales dacă ne stabilim scopuri nerealiste, de neatins, bazate pe percepția pe care o avem despre ceilalți.
- Când ne concentrăm pe ceilalți și pe sentimentele lor, comparându-le cu ale noastre și folosindu-le drept etalon, subminăm validitatea propriilor trăiri.
- Într-o comparație, mereu ne vom socoti fie mai buni, fie mai răi decât ceilalți. E puțin probabil să ne considerăm egali. Această superioritate sau inferioritate percepută ne poate izola de lume, provocând ruptură în relații și prietenii.
- În încercarea de a ne concentra pe sentimentul de recunoștință, dacă ne percepem ca fiind mai buni decât obiectul de comparație, riscăm să alunecăm în așa-numita pozitivitate toxică. Este vorba de presiunea autoimpusă de a fi mereu fericiți și optimiști, în ciuda greutăților, din convingerea

greșită că ar trebui să fim mereu recunoscători, pentru că alții o duc mai greu. Pozitivitatea toxică ne face să ne reprimăm sentimentele și să ne ascundem emoțiile, atingând niveluri dureroase de vinovăție, până când ajungem să nu ne mai bucurăm de viață. Poate să ne facă și mai puțin empatici față de alți oameni care trec prin momente grele, dar cărora considerăm că le e mai bine decât obiectului inițial al comparației noastre.

Bineînțeles, impactul negativ al comparației își are rădăcinile și în experiența noastră din prezent. Dacă ne aflăm într-un punct în care viața e plină de dificultăți și factori de stres și cădem în capcana comparației, ne vor fi afectate stima de sine și încrederea de sine. Impactul poate fi și mai intens dacă ne vedem incapabili de a face schimbări constructive din cauza situației noastre actuale. Îmi vine în minte expresia „a lovi pe cineva când e deja la pământ", deși e și mai dureros când te lovești singur.

Teoria comparației sociale

În anii '50, psihologul Leon Festinger a prezentat lumii teoria comparației sociale.[4] Festinger credea că toți avem o tendință naturală de a ne compara cu alții, ca să creăm un fel de reper față de care să ne evaluăm pe noi înșine, aptitudinile și abilitățile.

Teoria comparației sociale identifică două tipuri specifice de comparație:

- **Comparația socială ascendentă:** acest lucru se întâmplă când ne uităm la alții despre care presupunem că sunt mai buni decât noi într-o privință anume. În acest caz căutăm un model și inspirație care să ne ajute să devenim mai buni.
- **Comparația socială descendentă:** are loc în raport cu cei despre care percepția noastră ne spune că le este mai rău decât nouă, într-o încercare subconștientă de a ne evalua pozitiv propriile abilități sau contexte.

Copiii au șanse mai mari să fie victimele comparației sociale descendente decât adulții. De câte ori ți-ai auzit copilul spunând „Cel puțin sunt mai bun decât X?". Adulții au însă tendința să se angajeze în mai multe comparații sociale ascendente, cel puțin în prima jumătate a maturității. Pe măsură ce înaintăm în vârstă, avem tendința să ne angajăm mai puțin în comparații sociale ascendente, iar obiectul cu care ne comparăm devenim noi înșine, cei din tinerețe. Acest lucru e cunoscut drept comparație temporală. E cel mai sănătos tip de comparație, deoarece are cele mai mari șanse să ducă la evoluție personală și autoîmbunătățire, cu toate că poate să ducă și la regret și lamentare din cauza abilităților din trecut, care se pierd în procesul natural de îmbătrânire.

Ca părinți, tindem să asimilăm compararea copiilor noștri în același mod în care o facem cu noi înșine.[5] Prin urmare, faptul că ești părinte face povara comparației mult mai grea, pentru că nu ne mai concentrăm doar pe noi, ci și pe compararea copiilor noștri.

În plus, cu cât percepem obiectul comparației ca fiind mai similar nouă, cu atât ne e mai greu. De exemplu, dacă ne comparăm cu un părinte foarte bogat care afișează pe rețelele de socializare o armată de bone, femei de serviciu, bucătari și așa mai departe, și care pare să fie mereu calm și fericit cu copiii lui, e mult mai puțin probabil să ne simțim frustrați decât dacă ne-am compara cu un vecin care muncește la fel de mult ca noi și are copii de aceeași vârstă. Putem ignora părintele celebru și bogat, a cărui stare de calm se datorează, după părerea noastră, privilegiilor de care se bucură, dar e mult mai greu să trecem cu vederea o persoană cu același profil social ca al nostru.

Așa cum am mai menționat, comparația, mai ales cea descendentă, e asociată cu pozitivitatea toxică, ducând la o adevărată cursă subconștientă pentru a vedea cui îi este mai greu și cine se descurcă cel mai rău (sau cel mai bine). Dacă trecem prin greutăți și știm că alții se află într-o situație la fel de dificilă, dar par să se descurce mai bine, ajungem să credem că și noi ar fi trebuit să fim în stare să ne descurcăm mai bine. Comparația creează o rețea de dezamăgiri și, din nou, comparăm haosul nevăzut al tapiseriei noastre cu imaginile perfecte, de vitrină, ale altora. Pur și simplu n-avem cum să câștigăm jocul comparației.

Rețelele de socializare: Blestemul părintelui influencer

Când am născut prima oară, internetul se afla încă la început. Rețelele de socializare nu existau. Deseori, mă întreb dacă experiența mea ca părinte ar fi fost mult mai diferită dacă ar fi început două decenii mai târziu.

Observ cum rețelele de socializare le sunt de folos părinților. Informațiile imediate și sfaturile curg ca la robinet. Comunitățile și rețelele pot să înlocuiască în mare parte lipsa sprijinului direct, precum și socializarea și conversațiile adulte după care tânjești deseori în primele luni claustrofobe. Însă rețelele de socializare au și o latură întunecată. În ciuda tuturor lucrurilor pe care le oferă noilor părinți, are anumite aspecte mai sinistre și dăunătoare, cele mai rele fiind, cu siguranță, tentația comparării constante. Suntem bombardați cu imagini și descrieri ale vieților de familie, care par mai ordonate, mai armonioase, mai interesante, mai pline de iubire, mai incitante și, sincer, mai ușoare decât a noastră.

Impactul acestei situații? Sunt subminate toate realizările noastre. Viața noastră se aseamănă unor documentare sumbre, prin comparație cu viața de basm a părinților influenceri, care sunt plătiți să prezinte o fațadă impecabilă a familiei lor. Rețelele de socializare ne fac să avem dubii legate de tot ce ține de modul în care ne creștem copilul și de alte aspecte ale vieții noastre. Nu suntem suficient de buni, de distractivi, de bogați, de supli, de activi. Casele noastre nu sunt suficient de frumoase. Nu ne ducem copiii în vacanță cât ar trebui. Cercul nostru social nu e îndeajuns de mare sau de tare. Relația cu partenerul nu e destul de spontană sau demonstrativă. Într-un cuvânt, ceva lipsește la noi. Ironia face însă că toată lumea simte la fel, până și părinții influenceri. De fapt, mai ales ei.

Rețelele de socializare și firmele de publicitate profită de nesiguranțele noastre, dar tuturor ne e la fel de rău, numai că nu ne dăm seama de asta.

Studiile au arătat că, atunci când folosim rețelele de socializare, ne comparăm viața socială cu cea a acestor așa-ziși „fluturi sociali", mondeni excesivi, și, prin urmare, ajungem la concluzia că avem mai puțini prieteni și mai puține conexiuni decât oamenii de rând.[6] Doar că și în acest caz comparăm mere cu pere. E un război pe care n-o să-l câștigăm niciodată, mai ales că plecăm de pe paliere diferite. Mereu ne-am comparat cu alții, tendință ce a crescut exponențial în ultimele decenii, de când cu apariția rețelelor de socializare. Oriunde ne uităm, există tentația comparației. Dacă stau să mă gândesc mai bine, mă bucur c-am învățat cum să fiu părinte într-o eră când internetul putea fi accesat doar cu conexiuni dial-up dureros de lente, când telefoanele mobile nu-ți permiteau decât să dai un telefon sau să trimiți un mesaj normal și când Mark Zuckerberg era încă în liceu. Dacă n-aș fi făcut-o, nu sunt sigură c-aș fi aici, scriind cărți cu sfaturi pentru părinți. Cel mai probabil, aș fi fost blocată în mlaștina comparațiilor, incapabilă să-mi recunosc punctele forte, prinsă într-un ciclu al comparării cu alții.

Cum să ții sub control tendința de a face comparații

Gestionarea tendințelor de a te compara cu alții e un pas important spre a deveni un părinte mai calm. Dacă ne judecăm mereu și ne judecăm și copiii, comparându-ne cu alte familii, vom ajunge să trăim într-o stare accentuată de stres, într-o lume iluzorie, în care durerea afectivă pe care ne-o provocăm singuri n-o să ne lase niciodată să ne simțim îndeajuns de buni. Stresul și stima de sine scăzută ne pot afecta comportamentul de zi cu zi față de copiii noștri, precum și relațiile cu ceilalți.

Și atunci cum să învingem blestemul comparației? Cred că primul pas constă în a recunoaște că mereu ne vom compara cu ceilalți. Nu are rost să opunem rezistență. Ce putem face în schimb e să devenim mai conștienți de acest proces și să folosim comparațiile în avantajul nostru. Cum anume? Următoarele exerciții ar putea fi de ajutor:

EXERCIȚIUL 1: Ce poți să înveți de la cei cu care te compari?

În loc să te simți prost că nu te ridici la nivelul celor cu care te compari, mai ales când e vorba de alți părinți, pune-ți întrebarea: „Ce pot să învăț de la persoana aceasta?" Studiile arată că suntem mai fericiți și mai calmi atunci când învățăm să preluăm de la ceilalți o perspectivă sau o soluție la problema cu care ne confruntăm, în loc să ne punem pe o poziție de inferioritate în raport cu ei.[7]

Când simți că-ți dau din nou târcoale familiarele îndoieli pe care le aduce cu sine compararea cu alții, ia o pauză și întreabă-te ce anume ai putea să preiei din exemplele celorlalți părinți și să integrezi în activitățile cu copilul tău. E ceva ce poți folosi în relația cu el și care să te ajute, nu să te complexeze? O activitate potrivită copilului tău? De exemplu, poți prelua un model de organizare a unei zone din casă, care să se potrivească familiei tale.

EXERCIȚIUL 2: Fii mai implicat în interacțiunile cu ceilalți

Când vorbim cu alți părinți, tindem să ne lăsăm „fermecați de poveste". Altfel spus, nu ne dăm seama ce se întâmplă de-adevăratelea sau ce se ascunde în spatele vorbelor lor. Avem tendința să îmbinăm interacțiunea și dialogul interior, atribuind sens și greutate acolo unde adeseori ele nu prea există. De exemplu, dacă vorbim cu alt părinte despre accesele de furie ale copilului nostru, s-ar putea ca el să spună: „A, da, e o vârstă dificilă, nu-i așa? Dar nu-i chiar atât de greu". El recunoaște că și copilul lui face crize, că e într-adevăr o etapă complicată, dar că-i face față. Pentru noi, vorbele lui pot suna însă ca și cum ar ignora îngrijorările, ca și cum odrasla lui s-ar purta mereu frumos, ca și cum ei n-ar întâmpina probleme. Și nu pentru că el ar fi spus așa ceva, ci pentru că noi proiectăm în discuție propriile sentimente și comparații, percepându-i vorbele ca pe o lovitură la adresa abilităților noastre ca părinți. Data viitoare când porți o conversație cu alt părinte, încearcă să asculți cu adevărat ce are de spus, fără să-ți adaugi dialogul interior.

EXERCIȚIUL 3: Practică acceptarea

Toți oamenii se compară cu alții. Am început acest capitol cu constatarea că, într-o zi obișnuită, petrecem mai mult de o zecime din timp comparându-ne cu alții. E necesar să înțelegem că e firesc să facem comparații, că toată lumea face asta, că, deși nu putem înlătura de tot o asemenea tendință, putem învăța să trăim cu ea, ca fiind o parte normală din viața de zi cu zi. Odată acceptată această realitate, vom putea identifica situațiile când facem comparații și le vom aborda cu mai multă grijă, înainte să ne tulbure prea mult. E necesar să fim iertători cu noi înșine când ne măsurăm în mod inutil cu alții, mai ales în privința creșterii copiilor. Data viitoare când te trezești făcând asta, acceptă-ți gândurile așa cum sunt: subiective și, cel mai probabil, o reprezentare inexactă a ta și a celorlalți. Odată recunoscute pornirile acestea de a face comparații, fără a le judeca, și fără a ne judeca pe noi înșine, ne vom da seama că, de fapt, comparația e o încercare nechibzuită de a fi un părinte mai bun.

EXERCIȚIUL 4: Corectează-ți ideile greșite

Toți ar trebui să ne concentrăm pe ideea că suntem părinți buni, nu doar când e vorba de comparații, ci în toate elementele care vin la pachet cu rolul de părinte. Credințele greșite pe care ni le inducem din cauza comparației pot provoca multă durere și suferință, și nimeni nu ne judecă mai dur decât noi înșine. Gândește-te în câte privințe te desconsideri comparându-te cu alții (de exemplu, „nu sunt suficient de calm", „nu mă joc destul" și tot așa) și vezi dacă într-adevăr aceste convingeri au o bază în realitate, sau dacă nu cumva ți le-ai format prin comparație – la fel cum judecăm prin comparație „culisele" tapiseriei noastre cu impresionanta țesătură la vedere a celorlalți părinți. Separarea realității de ficțiune și a comparației de realitate e un pas important spre a deveni un părinte mai calm. Dacă prin comparație te concentrezi pe ideea că ești un părinte rău (sau mai degrabă lipsit de calm), cel mai probabil o să ajungi să crezi asta, iar convingerile interioare prind cumva contur în realitate.

EXERCIȚIUL 5: Bucură-te de faptul că ești unic

Imaginează-ți cum ar fi dacă toți am fi la fel. Dacă toți ne-am crește copiii la fel. Dacă am avea cu toții aceleași activități, am deține aceleași obiecte, ne-am duce în aceleași locuri, am purta aceleași conversații cu copiii noștri. Ce plictisitoare ar fi lumea. Suntem incomparabili, cum sunt și copiii noștri. Suntem unici. Ca părinți, a accepta ceea ce ne face unici înseamnă să recunoaștem că se răsfrânge și din noi lumina pe care o admirăm la alții. Putem vedea calitățile pe care le apreciază ceilalți la noi? Ce anume prețuiesc ei în ceea ce ne privește? Ce trăsături unice admiră? E necesar să vedem cum anume ne percep ceilalți și să ne recunoaștem calitățile minunate și unice de părinte.

EXERCIȚIUL 6: Alege cu cine-ți petreci timpul

Ai un prieten sau o rudă, părinte la rându-i, care scoate la suprafață ce-i mai rău din tendința ta de a face comparații? Gândește-te puțin: ajungi să te îndoiești de tine și de copiii tăi poate după ce interacționezi cu cutare mamă de la locul de joacă sau cu tatăl unui copil din echipa de fotbal. Poate te fac să te simți nelalocul tău prin felul lor subtil de a te pune la punct, sau poate le place să bârfească despre alți părinți, ceea ce te face să te întrebi dacă nu cumva te vorbesc și pe tine pe la spate. Meriți să ai liniște. Dacă pentru asta e necesar să stai departe de prietenii sau rubedeniile competitive, atunci alege-ți cu grijă oamenii cu care-ți împarți timpul (și nervii).

Pe scurt

Înainte să încheiem, vreau să recapitulez cele mai importante idei despre comparație:

- Cu toții tindem să ne comparăm cu alții. De fapt, petrecem aproape la fel de mult timp făcând comparații cât petrecem gândindu-ne la mâncare. Din păcate, aceasta e o realitate a vieții de zi cu zi. Niciodată n-o să scăpăm de tendința asta, dar putem fi onești cu privire la sentimentele pe care le încercăm și le vom gestiona mai conștient și mai cu folos.
- Ne comparăm viața personală cu imaginea publică pe care o afișează ceilalți. E ca și cum am compara mere cu pere: nu putem ști cum arată de-adevăratelea viața privată a altora. Noi facem comparații între dosul plin de noduri ale unei tapiserii cu fața fără de cusur.
- Comparațiile descendente pot să ducă la pozitivitate toxică, și anume la senzația că ar trebui să fim mereu recunoscători, deoarece viața noastră nu e la fel de rea ca a altora. Asta ne face să ne reprimăm sentimentele și să nu acordăm experiențelor prin care trecem importanța pe care o merită. Doar pentru că cineva o duce mai rău decât tine nu înseamnă că ești egoist sau nerecunoscător când constați că ți-e greu.
- E greșit să ne comparăm cu oameni din mediul virtual. În mod subconștient, alegem să ne comparăm cu cei care o duc mai bine decât noi, și e o confruntare pe care o vom pierde de fiecare dată.
- La modul ideal, singurii cu care ar trebui să ne comparăm suntem noi cei din trecut, ca să vedem cât de departe am ajuns. A te compara cu sine poate fie un bun instrument în evoluția personală.
- Comparațiile cu alți părinți sunt un obstacol important în drumul nostru spre a deveni mai calmi, deoarece, cu cât facem asta mai des, cu atât ne simțim mai ranchiunoși, furioși, frustrați, stresați – și atunci, cu atât mai

probabil va fi să ne pierdem cumpătul față de copii. E un cerc pe care trebuie să încercăm să-l rupem, dacă ne dorim să atingem starea de calm.

Am luptat mult de-a lungul anilor să-mi țin în frâu această tendință de a face comparații. Încă mai simt câteodată bine cunoscuta neliniște și împungătoarea senzație de îndoială de sine pe care le aduce ea, ca un musafir nedorit, dar familiar. Acum însă, reușesc s-o recunosc și să-mi iau seama atunci când îmi dau târcoale gânduri ce nu-mi fac bine. Până la urmă, eu și ai mei suntem indivizi unici, irepetabili, la fel ca tine și membrii familiei tale. Mereu îmi amintesc vorba nu mai știu cui: „Nu-ți compara viața cu a altora. Nu există termeni de comparație între soare și lună. Fiecare strălucește când îi vine timpul".

Sper că acest capitol ți-a fost de ajutor și că vei reuși să-ți vezi și să-ți apreciezi calitățile. Pentru că e în puterea ta să devii un părinte calm. Starea de calm nu e apanajul doar al câtorva oameni. Ca și lumina, nu rămâne mai puțină doar pentru că și alții se bucură de ea. E destulă pentru toată lumea.

CAPITOLUL 4

Părinți surmenați și epuizați fizic: De ce e important să cerem ajutor

Nu trebuie să facem totul singuri. Niciodată n-am fost meniți s-o facem.
— Brené Brown, cercetătoare și povestitoare

De câte ori ai spus: „Nu mai pot", „M-am săturat până peste cap să fiu părinte!", „Efectiv nu am capacitatea să fac față acestei situații"? Fiecare părinte știe cum e să fii stors emoțional și fizic, extenuat și incapabil să-ți controlezi copiii. Toți știm cum e să tânjești cu disperare după o pauză. Iar prin pauză nu mă refer doar la o săptămână sau două undeva la soare, ci la o perioadă reală, tangibilă, în care să luăm o pauză de la responsabilitățile vieții de zi cu zi (inclusiv de la copii!). Chiar cred că ar fi mult mai ușor să fii părinte dacă am recunoaște cât de greu e și cât de tare ne dorim o pauză din când în când. Însă doar pentru că ne vine mai greu să facem față problemelor și responsabilităților pe care le avem nu înseamnă că ne urâm copiii și clar nu înseamnă că suntem niște oameni răi. Înseamnă că suntem oameni reali, cu nevoi reale și că uneori ne putem simți copleșiți de ce ni se-ntâmplă. Să fii părinte e greu, iar câteodată pare chiar imposibil când vedem ce ne scoate viața în cale. Să recunoaștem deschis acest lucru, înainte să încercăm să ne ușurăm sarcina.

Solicitarea fizică atunci când crești un copil este, fără doar și poate, epuizantă, însă mie solicitarea psihică mi se pare mult mai obositoare. Ajungem să ne odihnim corpul câteva ore pe noapte, când stăm întinși în pat sau ne prăbușim pe canapea, după ce copiii s-au culcat, dar mintea noastră continuă să funcționeze. Fie că planifici meniul pentru săptămâna viitoare sau intri în priză improvizând costumul pentru serbarea de Ziua Mondială a Cărții, rotițele din cap sunt imposibil de oprit odată ce devii părinte. Dihotomia crudă a Mamei Natură face că, pe măsură ce corpul încearcă să se odihnească, gândurile din cap se învârt tot mai frenetic. Pe măsură ce ne maturizăm, viselor libere și fanteziste ale copilăriei le iau rapid locul responsabilitatea și cerințele specifice adulților. Să fii părinte înseamnă să fii matur, și mai mult decât atât, pentru că nu mai gândim doar pentru noi, ci avem și sarcina solicitantă de a gândi pentru copiii noștri și, deseori, și pentru partenerii noștri de viață.

Ce se întâmplă când ducem o povară psihică prea mare, pe lângă solicitarea fizică foarte concretă, inerentă părinților, mai ales părinților cu copii mici? Clacăm. Ne pierdem cumpătul. Țipăm, urlăm, plângem. Devenim antiteza părinților calmi.

În mod paradoxal, de obicei chiar tentativele noastre de a fi părinți buni, de a „face totul“ pentru familiile noastre, duc la declinul nostru. Tocmai aici se află și problema: ca să fim părinți mai calmi, trebuie să învățăm să împărțim povara și să ducem mai puțin. Să avem încredere în alții cu o parte din sarcinile foarte importante de părinte și, uneori, să cerem ajutor, dacă acesta nu e oferit. Să facem totul singuri, sau mai degrabă să încercăm s-o facem, nu înseamnă că suntem părinți mai buni, dar cu siguranță ne face niște părinți mai puțin calmi.

Burnoutul la părinți

În 1974, psihologul german Herbert Freudenberger vorbea pentru prima oară despre conceptul de „burnout“. Cercetările lui priveau în principal persoanele care lucrau în așa-numitele profesii de asistență, precum sistemul medical. Există însă multe paralele între profesiile respective și „meseria“ de părinte. Freudenberger caracteriza burnoutul ca fiind pierderea motivației pentru rolul și sarcinile pe care le ai, epuizarea emoțională și lipsa de interes față de serviciu, care duc adesea la un fel de depersonalizare (când te detașezi de tine, de corpul sau sentimentele tale) sau la o separare emoțională de muncă. Se pare că bărbații tind să arate lipsă de interes și depersonalizare atunci când se simt copleșiți și îi amenință burnoutul; cei cu copii vădesc o scădere în atașamentul emoțional față de copii, de comportamentul și nevoile lor. Femeile, pe de altă parte, sunt mai expuse epuizării emoționale, și atunci se simt vlăguite, obosite și incapabile să se ocupe cum trebuie de copii sau să se achite de rolul lor de mamă.

În 1976, Christina Maslach, profesor de psihologie socială la Universitatea din California, Berkeley, publica un articol științific intitulat „Burned Out“[1] care a avut un impact imens, consacrând acest concept ca o zonă importantă a cercetărilor și interesului pe viitor, deopotrivă pentru comunitatea științifică și pentru publicul larg. În anii '80, Maslach a dezvoltat un instrument adresat profesioniștilor pentru a evalua nivelul de burnout: ideea-cheie este că burnoutul apare atunci când cerințele unui rol sau ale unui loc de muncă sunt mai mari decât abilitatea persoanei de a face față stresului cu care acestea vin la pachet.

Burnoutul fizic – epuizarea profundă a părinților care însoțește nopțile nedormite și agitația continuă, mai ales în primele luni de viață ale copilului – poate fi foarte periculos, mai ales când vine vorba de impactul asupra corpului și de relația cu boala și imunitatea. Dar burnoutul emoțional poate să fie și mai dăunător, rezultând în cinism și probleme de conexiune cu copiii noștri. Cel mai important însă, cel puțin din perspectiva tematicii noastre, epuizarea emoțională e responsabilă pentru inabilitatea părinților de a-și controla temperamentul și emoțiile în preajma copiilor. Dacă din punct de vedere emoțional suntem la capătul puterilor, e nevoie doar de o mică scânteie ca să declanșeze o explozie în noi. Burnoutul emoțional e partea întunecată a altruismului, sacrificiului de sine și devotamentului față de copii, atât de comune printre părinți, mai ales printre cei inspirați de o educație mai blândă și mai respectuoasă.

Cum procedăm, ca părinți, în caz de burnout? Haideți să vedem mai întâi ce anume *nu* funcționează. Tehnicile de relaxare nu îl vor rezolva, deoarece stresorii comuni continuă să existe, ca și reacția la factorii de stres. În timp ce burnoutul provocat de locul de muncă poate fi uneori rezolvat prin simpla părăsire a rolului, nu poți face asta atunci când ești părinte. E și motivul pentru care nu am scris cartea de față concentrându-mă pe conștientizare, grijă de sine și tehnici de respirație, așa cum fac multe cărți de dezvoltare personală. Acestea pot fi unelte utile, dar adeseori sunt superficiale, iar problemele mai adânci nu sunt descoperite și rezolvate. Ca să reducem burnoutul, trebuie să lucrăm cu cauza principală, învățând să ne ușurăm povara pe cât posibil.

Împărțirea inegală a sarcinilor

Studiile au descoperit că, indiferent cât de mult ar munci în afara casei, femeile tot fac mai multe treburi în gospodărie decât bărbații.[2] De asemenea, e foarte probabil ca femeile să le reamintească mai des partenerilor lor de sarcini specifice[3], așa că, deși nu fac chiar ele treaba, tot trebuie să-i dedice timp în preocupările lor. Studiile au arătat că, în cuplurile de același sex, există o împărțire mai justă a sarcinilor din casă, fără stereotipurile de gen care persistă în relațiile heterosexuale.[4] Interesant e că acest echilibru se strică oarecum odată cu nașterea unui copil, cuplurile homosexuale având o probabilitate mai mare să adopte împărțirea inegală a responsabilităților după ce devin părinți.[5] Dacă un părinte câștigă mai mult sau lucrează mai mult decât celălalt (rol atribuit prin tradiție bărbaților), el are tendința să-și asume mai puține sarcini și responsabilități legate de copii decât partenerul său, indiferent de gen. Această împărțire inegală a sarcinilor ca părinți și ca parteneri în gospodărie e cauza multor probleme și neînțelegeri în relații și îngreunează reglarea emoțiilor în raport cu copiii.

Când partenerul te scoate din sărite sau când trebuie să te achiți de mai multe sarcini decât el, asumându-ți o parte mai grea din povara emoțională a părinților, consecința e că la un moment dat te vei simți frustrat de rolul de părinte și, cel mai important, îți vei vărsa nervii pe copii. Combină aceste resentimente cu riscul de burnout, și vei avea rețeta perfectă de furie și răbufnire, nu numai față de partener, ci și față de copii.

Ce spun părinții

În conversațiile cu mine, părinții au spus că cel mai frecvent obstacol care-i împiedică să fie calmi e, de departe, „povara psihică și fizică“ pe care o duc și pe care o resimt ca fiind inechitabil împărțită cu partenerii. Iată ce au avut de spus unii dintre ei:

> Simt că nu apuc niciodată să mă relaxez și să mă bucur cum se cuvine de timpul petrecut cu copiii mei, pentru că sunt atâtea de făcut. Sunt furioasă când mă roagă să mă joc cu ei. Mă simt foarte vinovată când îi refuz pentru că am atât de multe de făcut, iar dacă nu fac totul zi de zi, situația o să scape de sub control și-o să-mi fie îngrozitor de greu să recuperez.
>
> Când mă simt frustrată că partenerul nu mă ajută, știu în adâncul meu că îmi vărs nervii pe copii în loc să lămuresc lucrurile cu el. De obicei, răbufnesc țipând la ei.
>
> Îmi pierd cumpătul când simt că sunt ca o enciclopedie ambulantă pentru copilul nostru. Toată lumea mă întreabă „De ce plânge?“, „De ce nu doarme?“, „De ce e furios?“. E copleșitor! Mai ales când vine la pachet cu celelalte sarcini invizibile, de care nu ține nimeni cont.
>
> Când trebuie să mă gândesc ce pregătesc ca gustare, să hotărăsc ce pun pe masă la cină, să mă lupt cu pachetele din congelator, să mă ocup de un copil de cinci ani și unul de nici doi – devine totul copleșitor. Sunt tot mai neliniștită, apoi tot mai supărată pe soțul meu, și încep să-mi pierd controlul.
>
> În perioadele solicitante, aglomerate – de Crăciun, Paște, înaintea unei sărbători etc. –, când toți suntem ocupați, stresul e mai mare decât de obicei, iar eu nu mai am atâta răbdare cu cei din jur.
>
> Îmi pierd cumpătul dimineața, când așteaptă în chiuvetă vasele murdare de cu seară, iar eu trebuie să pregătesc copilul pentru

școală, să hrănesc animalele, apoi să fiu gata de mers la muncă, în timp ce soțul meu se ocupă doar de propria-i persoană.

Duc, parcă, toată greutatea lumii pe umeri: am serviciu, deretic prin casă, mă achit de îndatoririle de mamă și mă străduiesc să-mi fac treaba bine – am atât de multe pe cap! Știu că sunt problemele mele, că poate fac pe martira și tot tacâmul, dar detest persoana în care mă transform.

Simt că sunt singura care face totul seara. Când se termină ziua mea de muncă? Niciodată. Și trag de mine la nesfârșit, chiar și după ce mi-am folosit toate rezervele de energie. Pentru că nu mă pot opri până nu văd copiii vârâți în pat.

...Îmi țin în brațe bebelușul de șase luni, în timp ce răspund la miile de întrebări ale copilului meu de cinci ani, fac patul și îmi țin căștile în urechi, pregătită să intru într-o teleconferință la serviciu. Toate în același timp. Iar soțul se uită la mine și se plânge de cât de obosit este. Simt c-o să explodez.

E vorba de inegalitate, fie că e povara mentală de a „mă ocupa de casă" sau faptul că, atunci când se trezește fiul nostru în toiul nopții sau e trist, nu mă vrea decât pe mine. A trebuit să ne izolăm des și, cu toate că amândoi lucrăm de acasă, mereu se pare că eu sunt cea care trebuie să muncească și să fie părinte în același timp. Simt că jonglez cu atâtea sarcini în același timp, și nici una nu iese bine.

Mă lovesc de faptul că nu mă simt auzită când vine vorba de detalii. Chiar detalii, precum „te rog să golești spălătorul de vase înainte să faci curat în bucătărie", după care găsesc vasele încă în mașină; curate, dar nu puse la locul lor.

Nu suport dezordinea, și parcă nimănui nu-i pasă. Locuim într-o căsuță, cu spațiu de depozitare limitat. Sunt lucruri peste tot. Dar se pare că nimeni altcineva nu vede dezordinea în afară de mine!

Mi-e greu când văd cât de inegal sunt distribuite sarcinile între mine și partenerul meu. Sunt un milion de lucruri de făcut, dar numai eu mă consum parcă.

Distribuirea sarcinilor între părinți: Spre o împărțire mai echitabilă a muncii

Par a susține împărțirea perfect egală a sarcinilor, de orice fel, în toate familiile, sau cel puțin în cele cu ambii părinți în casă? Nici pe departe. Nu egalitatea în sine e importantă, ci satisfacția fiecăruia dintre părinți în ce privește modul în care sunt distribuite sarcinile. Dacă un partener poate duce 70% dintre ele sau chiar mai mult fără a o resimți ca pe o corvoadă, atunci e în ordine. Problema apare atunci când un părinte e profund nefericit sau nu face față treburilor care-i cad în grijă. Poate nu e conștient de greutatea dusă, poate nu are în mod conștient resentimente față de partener, dar starea de oboseală și reacțiile spun altceva.

În paginile următoarele vom vedea cum anume sunt împărțite treburile în casă și dacă fiecare părinte e mulțumit cu sarcinile ce-i revin în familie. Poate până acum ai presupus că partenerul tău e în regulă cu modul în care v-ați distribuit sarcinile. Deseori, familiile alunecă în anumite roluri fără să ia o decizie conștientă, dar secretul pentru a deveni un părinte mai calm constă în a comunica, nu în a ne da cu presupusul. Acum e momentul să te gândești dacă e bine să folosești în continuare modul în care ai făcut mereu lucrurile.

Punctul de pornire ar fi să faceți o listă cu sarcinile ce revin cel mai frecvent fiecăruia dintre voi. Foarte adesea nu avem habar cu adevărat cât de multe facem fiecare până nu notăm pe hârtie. Acest exercițiu te va ajuta să ai un tablou mult mai exact. După ce ai terminat lista (poți bifa simplu sarcină cu sarcină, ori poți adăuga câteva cuvinte dacă vrei să clarifici sau să detaliezi) și i-ai dat-o partenerului tău ca să facă același lucru, e momentul să aveți acea conversație foarte importantă. Sunteți amândoi mulțumiți de împărțirea responsabilităților în familie, sau simți că lucrurile ar putea fi rearanjate astfel încât să te simți mai fericit, mai calm?

Notă: Am lăsat câteva rânduri libere la finalul acestei liste, ca să adaugi alte lucruri la care te gândești.

Sarcini	Eu	Partenerul/ celălalt părinte	Alte persoane
Planificarea meselor (alegerea meniurilor pentru toată săptămâna, inclusiv a opțiunilor pentru copii, în funcție de preferințe și cerințe dietetice speciale; căutarea de noi rețete, ținând cont de nevoile și preferințele nutriționale)			
Pregătirea meselor (asigurarea ingredientelor necesare și prepararea mâncării pentru familie; strâns după gătit/ mâncat)			
Mers la cumpărături (evaluarea proviziilor din bucătărie; ținerea evidenței în funcție de data de expirare; comenzi online pentru alimente proaspete; colectarea comenzilor; mers la magazin sau la piață; despachetarea și organizarea pe rafturi etc.)			

Sarcini	Eu	Partenerul/ celălalt părinte	Alte persoane
Treburi casnice/curățenie (dat cu aspiratorul; spălat vase/pus și scos în/din mașina de spălat; șters praful; curățat băile; schimbat, spălat și călcat lenjeriile; curățenie generală periodică etc.)			
Îngrijirea animalelor de companie (hrănit, spălat/ pieptănat, curățat după ele, scos la plimbare; programat vaccinări, tratamente împotriva paraziților etc.)			
Gestionarea finanțelor în casă (ținerea cheltuielilor; plătit facturi; schimbarea distribuitorilor, reînnoirea asigurărilor; căutat oferte mai bune; comunicarea cu banca; împărțirea banilor pentru cheltuieli viitoare etc.)			
Menținerea legăturii cu grădinița/școala (căutat și ales grădiniță/școală; făcut înscrierea; programat și mers la ședințele cu părinții; citit/ răspuns la mesaje trimise de cadrele didactice; rezolvarea eventualelor probleme etc.)			

Sarcini	Eu	Partenerul/ celălalt părinte	Alte persoane
Evenimentele de la grădiniță/ școală (asigurarea costumelor pentru piese și zile speciale; adunat donații pentru activități de strângere de fonduri; organizarea cadourilor și felicitărilor pentru profesor; completarea acordurilor și permisiunilor și evidența plăților pentru excursii)			
Organizarea hainelor pentru copii (te asiguri că au încălțăminte și haine de mărimea corectă, haine potrivite pentru sezon, vestimentație/uniformă școlară; organizarea îmbrăcăminții pentru evenimente speciale)			
Organizarea cadourilor (ținerea unei evidențe a zilelor speciale; planificarea cadourilor și felicitărilor pentru copii, membrii familiei, prieteni și alții; mers la cumpărat de cadouri, alocând un buget; găsirea ofertelor, ținut minte articolele dorite/preferate de copii; împachetat cadourile și scris felicitări; expedierea felicitărilor și a cadourilor, dacă e necesar)			

Sarcini	Eu	Partenerul/ celălalt părinte	Alte persoane
Nevoi medicale ale familiei (te asiguri că toți copiii sunt la zi cu examenele oftalmologice, testele de auz, tratamentul împotriva paraziților; programat vaccinurile de rutină și mers cu ei la doctor; ținut în ordine trusa de prim-ajutor a familiei; tratarea rănilor și a bolilor minore; programarea și mersul la diverse consultații la doctor și spital; îngrijirea copiilor când sunt bolnavi și nu pot merge la grădiniță/școală)			
Planificarea vacanțelor (căutat vacanțe de familie; planificare bugetară/căutarea celor mai bune oferte; organizarea datelor potrivite; rezervarea și gestionarea plăților; organizarea, rezervarea activităților de vacanță; pregătirea valutei locale; verificarea pașapoartelor și a vizelor, dacă sunt la zi; cumpărat cremă de protecție solară, jucării pentru plajă sau piscină; asigurat transport la și de la aeroport sau cazare pentru vacanță; ales și împachetat haine proaspăt spălate; despachetat, spălat haine la întoarcerea din vacanță)			

Sarcini	Eu	Partenerul/ celălalt părinte	Alte persoane
Îngrijirea casei și a grădinii (ținut totul în funcțiune, planificarea și întocmirea unui buget pentru redecorat, alegerea unor obiecte noi și înlocuirea celor vechi; repararea sau înlocuirea obiectelor stricate; tunsul gazonului și îndepărtarea buruienilor; atenția la nevoile schimbătoare ale copiilor în ceea ce privește mobila și alte obiecte din casă)			
Mașina sau alte aranjamente de transport (include umplerea rezervorului, asigurarea service-ului, inspecțiile tehnice, asigurările specifice; curățenia autovehiculului; organizarea abonamentelor și biletelor de autobuz sau tren; închirierea de mașini sau comandat taxiuri)			
Relațiile cu rudele și prietenii (menținerea legăturii cu familia și prietenii; semnalarea evenimentelor speciale/ felicitări; sprijinirea lor în perioade dificile; organizarea întâlnirilor; informări periodice cu privire la familia extinsă)			

Sarcini	Eu	Partenerul/ celălalt părinte	Alte persoane
Căutat informații despre creșterea copilului (ce se așteaptă de la copilul tău la o anumită vârstă, într-o anumită etapă; cum ne ajutăm copiii în diverse situații și în momente importante: de exemplu, îmbunătățirea calității somnului sau comportamentului, învățat să facă la oliță; dificultăți la pubertate; examene, ajutat la teme; prieteniile, dezvoltarea abilităților de citit, scris, desenat și altele; eventualele nevoi speciale și momentele când s-ar putea să aibă nevoie de mai mult sprijin din partea ta)			
Divertismentul familiei (planificarea și organizarea weekendurilor, a zilelor petrecute în aer liber, a vacanțelor; participarea la evenimente speciale, precum petreceri și alte sărbători)			
Înregistrarea amintirilor (făcut poze și înregistrat zilele speciale/momentele importante din copilărie; păstrat un caiet cu toate informațiile bebelușului; ținerea unui jurnal pentru copii)			

Sarcini	Eu	Partenerul/ celălalt părinte	Alte persoane

Ce faci dacă ești singur?

Îmi dau seama prea bine că, până acum, acest capitol a pornit în mare parte de la presupunerea că toți oamenii care au copii fac parte dintr-un cuplu. Bineînțeles, lucrurile nu stau așa. Potrivit statisticilor oficiale, în Marea Britanie sunt aproape 3 milioane de părinți singuri, care reprezintă aproape 15% din numărul total de familii.[6] În SUA, ponderea e aproape dublă, ajungând la aproximativ 27%.[7] Există părinți singuri care au sprijinul total al celuilalt părinte, cu care sunt într-o relație amiabilă, și există părinți cu relații dificile, toxice, care îngreunează procesul de a crește împreună un copil. Unii poate au devenit părinți singuri în urma unei decizii, în timp ce alții e posibil să-și fi pierdut partenerul, prin deces. Nici o familie nu seamănă cu alta, dar există un numitor comun al tuturor părinților, și anume: nimeni nu e imun la burnout.

Ce spun părinții

Am vorbit cu mai mulți părinți singuri, vrând să aflu care sunt cele mai mari greutăți ale lor. Iată ce mi-au răspuns:

> La un moment dat e prea mult de dus, psihic și emoțional, ca părinte singur. Nu mă refer la ceva anume, ci la efectele cumulative ale numeroaselor sarcini ce-mi revin.
>
> E greu să fii părinte singur – mă simt copleșită fizic, emoțional și mental.
>
> Pe mine mă enervează când văd că ceilalți se bucură de o bună rețea de sprijin sau îmi spun „să cer ajutor dacă am nevoie de ceva!" – asta pentru că mare parte din viața mea mi s-a spus că e rușinos că am nevoie de ajutor.
>
> Mă străduiesc să le bifez pe toate, și perfect, iar atunci când lucrurile încep să mă copleșească fac tot posibilul să-mi păstrez calmul. Ideea de a învăța cum să nu mai caut perfecțiunea și să fiu doar „suficient de bună" m-a ajutat foarte mult. Mi-a schimbat cu totul experiența de părinte.

Dacă vrei să crești un copil împreună cu cineva cu care ai o relație amiabilă, îți sugerez să completați sarcinile din tabelul de mai sus. Chiar dacă nu locuiți împreună, împărțirea treburilor părintești, mai ales a celor care au impact asupra stării noastre psihice, e în continuare un subiect important de discutat. Comunicarea este esențială, ca și cum ați locui împreună (poate chiar mai importantă în cazul părinților care locuiesc separat).

Dacă nu ai o relație cu celălalt părinte al copilului tău, sau el nu este/a fost vreodată prin preajmă, gândește-te la ceilalți adulți care joacă un rol în viața copilului: bunici, mătuși, unchi, alte persoane care-i poartă de grijă. Există posibilitatea să vorbești cu ei și să preia anumite responsabilități, ca să-ți mai ușureze povara? Am descoperit că cei care-și cresc singuri copiii sunt deseori atât de concentrați să facă totul și să se mândrească cu realizările lor (și pe bună dreptate!), încât ajung să creadă că a cere ajutorul e un semn de slăbiciune sau o recunoaștere a faptului că nu se pot descurca singuri. Și totuși, a căuta modalități de împărțire a sarcinilor de părinte cu alți adulți de încredere e un pas important spre a deveni un părinte mai calm.

Cum să faci să-ți fie un pic mai ușor

Nu cred că există pe lumea asta părinți singuri care să nu se simtă epuizați. Să crești copii e o treabă a naibii de grea. E probabil singura slujbă din lume de la care nu poți să iei pauză, nici măcar concediu de boală. Oricât de grele ni se par lucrurile, tot mai avem guri de hrănit și mâini care trebuie ținute. Atunci ce poți să faci dacă simți că burnoutul îți limitează abilitatea de a rămâne calm? Încearcă următoarele:

Conștientizarea burnoutului

Primul pas pentru a reduce impactul burnoutului în viața ta ca părinte e să fii conștient de existența lui. Cu toții putem vedea indiciile pericolului, înainte chiar să se declanșeze alarma odată cu instalarea lui. Dacă învățăm cum să ne dăm seama că tragem prea mult de noi, putem recurge la măsuri de siguranță, îndeajuns de timpuriu cât să împiedicăm apariția unui burnout total. Indiciile sunt diferite pentru fiecare individ în parte. Iată câteva dintre ele:

- Te simți mai obosit decât în mod normal.
- Te simți mai arțăgos decât în mod normal.
- Nu vrei să fii lângă copiii tăi la fel de frecvent.
- Ești dezamăgit de ce înseamnă să fii părinte și de metodele pe care încerci să le urmezi.
- Simți că nu ești bun de nimic în rolul de părinte.
- Responsabilitățile de părinte te copleșesc, la fel și copiii tăi.
- Te simți mai neîncrezător față de copiii tăi sau față de rolul tău ca părinte decât în mod normal.
- Te simți prins ca-ntr-o capcană și incapabil să schimbi situația.
- Te simți epuizat psihic.
- Îți lipsește motivația să petreci timp cu copiii tăi.

Dacă știi care sunt simptomele tipice de burnout și ți le identifici în stadiile incipiente, vei putea lua atitudine înainte să atingă un nivel critic.

Fii sincer cu tine

Se întâmplă adesea să nu cerem ajutor atunci când sarcinile ca părinte încep să ne copleșească, și chiar negăm realitatea spunând că lucrurile sunt sub control. Încă din primele zile petrecute cu nou-născutul nostru, îi mințim pe cei din jur asigurându-i că facem față situației. Ce-i mai rău însă e că ne mințim pe noi înșine: încercăm să ne convingem că suntem bine, că ne descurcăm, chiar și atunci când lucrurile stau fix pe dos. De fapt, mai ales atunci. Dacă nu putem să fim sinceri nici măcar cu noi înșine în clipele grele, cum am putea cere ajutorul altora? E necesar să analizăm lucrurile cu sinceritate. De aceea, e recomandabil să te întrebi următoarele:

- Realist vorbind, câte lucruri poți să faci într-o zi/săptămână?
- Dacă îți crești copilul alături de celălalt părinte al său sau de un partener de viață, simți că responsabilitățile sunt împărțite în mod egal?
- Simți frustrare (față de alt adult sau de copiii tăi) din cauza sarcinilor pe care le ai de făcut?
- Recunoști deschis când ești epuizat?
- Cât de des îți recunoști limitele în raport cu tot ce ai de făcut?

A vedea și a ține cont de limitele noastre e un semn de putere, nu de slăbiciune. Și e vital să facem asta dacă vrem să fim părinți mai calmi.

Cere ajutor

Majoritatea adulților nu au habar cum să ceară ajutor, și asta din două motive, după părerea mea. În primul rând, am fost crescuți într-o eră în care grijii față de copii și afecțiunii le-a luat locul impunerea de timpuriu a independenței și autonomiei. Când aveam probleme în copilărie și comportamentul nostru dificil era un strigăt deghizat după ajutor, eram pedepsiți prin excludere – eram trimiși în camera noastră, scoși afară din clasă sau puși la colț, singuri. Am fost învățați că în momentele dificile trebuie să ne ținem emoțiile încuiate.

Apoi, ca adulți, suntem bombardați cu mesaje despre rezistență, tărie, perseverență și succes. Încă nu se vorbește destul de mult sau de sincer despre sănătatea psihică, și astfel ajungem să credem în substrat că a cere ajutor e un semn de slăbiciune. Evident, aceste idei sunt greșite, dar ne-au fost bine inoculate. Așa că, atunci când ne este greu, ne luptăm nu doar cu sarcinile cărora trebuie să le ținem piept până ajungem la epuizare extremă, ci și cu convingerea noastră interioară că nu se cuvine să cerem ajutorul, ci să facem față singuri situației. La asta se adaugă și experiențele din copilărie când ne-am simțit dați la o parte, ignorați sau lăsați baltă de către adulți, așa că nu-i de mirare că mulți evităm să cerem ajutorul chiar și al celor pe care-i iubim cel mai mult. Și totuși, trebuie să învățăm să ne depășim reținerile și să înțelegem că unul din cele mai importante lucruri pe care le putem face ca părinți e să cerem o mână de ajutor.

Ordonează-ți sarcinile în funcție de priorități

Adeseori, felul în care părinții jonglează cu toate treburile pe care le au de făcut mi se pare că seamănă cu un număr de circ: jongleriile cu farfurii. Părintele e în miezul acțiunii, învârtind farfuriile în vârful unor bastoane, sub privirea atentă a publicului. Unii privesc cu uimire pe măsură ce se tot adună farfuriile în aer. Poate nu-și dau seama când protagonistul începe să tremure, sau poate își văd de-ale lor în vreme ce jocul se accelerează. Viața se aseamănă probabil cu un număr de circ, dar e important de știut că nu trebuie să jonglăm singuri cu toate, în același timp. Faptul că reușim să ne menținem echilibrul e în sine destul de impresionant!

Gândește-te, ce „farfurii" din cele cu care jonglezi tu ar putea trece într-un proces automat? Există sarcini ce s-ar putea desfășura fără probleme dacă le-ai trece în plan secundar, ca să te concentrezi pe cele mai stringente? Care dintre „farfurii" pot fi preluate de alții, ca să le țină în siguranță? Există poate sarcini care nu trebuie musai bifate chiar acum? Poți să le amâni puțin, să iei o mică pauză, un scurt interludiu? Nici măcar cel mai bun artist de circ nu poate ține farfuriile în aer la infinit, fără să scape câteva. Trebuie să învățăm să ne ocupăm de sarcini în funcție de importanța lor și să fim conștienți de propriile limite. Ca părinți, putem desprinde vreo învățătură și o soluție din metafora aceasta cu farfuriile?

Ai încredere să le dai și altora din sarcinile tale

Poate nu ai nici o problemă să ceri ajutorul, sau poate acesta îți este oferit de bunăvoie, dar ți-e greu să ai încredere în alții. Incapacitatea de a renunța la câteva responsabilități și de a avea încredere că ceilalți se vor achita de ele e un blestem de care suferă mulți părinți. Încearcă să-ți dai seama de ce ești așa de reticent să accepți ajutorul și să împarți cu alții din greutățile tale, fizic sau mental. Ai fost dezamăgit în copilărie? Ai învățat că nu te poți încrede în alții? Sau poate ești un perfecționist și te temi că ceilalți nu vor face o treabă la fel de bună ca tine? Încerci să faci totul pentru copiii tăi, pentru că altfel te-ai desconsidera ca părinte? Te compari cu alții? Te simți vinovat pentru ceva legat de copiii tăi și încerci să supracompensezi? Dacă ești conștient că ți-e greu să renunți la o parte din responsabilități, încearcă să înțelegi cauzele și recâștigă-ți încrederea în ceilalți. E unul dintre secrete în lupta cu epuizarea extremă. La fel, e important să nu preiei sarcina cuiva pentru că nu se descurcă la fel de bine ca tine. Nu contează dacă rezultatele sunt mai slabe în acest caz, de vreme ce te salvează de epuizare.

Cere recunoaștere

Uneori, suntem mulțumiți de modul cum se împart sarcinile în familia noastră, fizic și mental, dar tot avem resentimente. Asta nu pentru că primim mai puțin ajutor, ci pentru că eforturile nu ne sunt recunoscute îndeajuns. Din lipsă de recunoaștere, ajungem să simțim că suntem subapreciați și că munca noastră nu e destul de importantă ca să fie remarcată sau lăudată. Dacă ai senzația că eforturile tale nu sunt apreciate, soluția e simplă: trebuie să-i faci pe cei dragi să priceapă că, deși ești mulțumit cu responsabilitățile tale, nu ești fericit cu faptul că munca ta nu e apreciată în mod activ. Dacă am lucra din greu la locul de muncă și am fi mândri de eforturile noastre, dar colegii și managerii nu ne-ar observa munca, am deschide subiectul într-o evaluare sau într-o ședință de echipă. De ce nu facem la fel și acasă? Să te simți subevaluat și subapreciat poate să fie un declanșator pentru burnout, chiar dacă sarcinile în sine nu te apasă.

Eliberează-ți mintea ca să devii un părinte mai calm

Vorbeam la începutul acestui capitol cum ajungem să ne simțim „sătui până peste cap de rolul de părinte". Fără să ne dăm seama, folosim în mod regulat metafore ce ilustrează capacitatea noastră emoțională de a absorbi stresori. Dacă suntem supraîncărcați mental, copleșiți de cerințele vieții, nu reușim să alocăm destul timp copiilor noștri, emoțiilor și comportamentului lor solicitant. Ce se întâmplă dacă interacționăm cu ei în momentele de surescitare sau epuizare? Până și cel mai mic detaliu poate declanșa o reacție explozivă, și n-are legătură cu copiii, ci cu noi și capacitatea noastră de a face față stresului. Dacă vrem să fim mai calmi, trebuie să ne eliberăm mintea, astfel încât să nu riscăm să răbufnim în orice clipă.

În anii '60, un psihanalist englez pe nume Wilfred Bion prezenta ideea de *containment*, de stăpânire și oglindire controlată a comportamentului. Este vorba despre modul în care copilul își proiectează sentimentele puternice și complexe (*conținutul*) asupra părintelui sau a celui care are grijă de el (*conținătorul*), persoană care dezamorsează emoțiile pentru a le proiecta înapoi spre copil într-un mod mai ușor de gestionat. Astfel, părintele poate „crea" copilului spațiu pentru sentimentele dificile, pe care creierul lui nu e destul de matur ca să le gestioneze; astfel, îl ajută să se liniștească. Acesta e motivul pentru care pledez pentru comportamentul calm și înțelegător în caz de criză sau situație solicitantă. Bineînțeles, nu-i atât de ușor pe cât pare, deoarece, așa cum am mai menționat, deseori părinții sunt supraîncărcați și nu mai au spațiu disponibil pentru emoțiile copilului. Iar atunci, părintele nu numai că nu poate liniști copilul, dar chiar înrăutățește situația, prin proiectarea propriilor emoții complicate.

Ca să poți deveni mai calm este esențial să-ți cunoști limitele în materie de capacitate emoțională. La fel, e important să-ți dai seama când te apropii de limite, și atunci să-ți eliberezi mintea ca să faci loc pentru alte stringențe.

EXERCIȚIUL 1: Cât poți duce?

În ilustrația de mai jos, notează în interiorul recipientului trăirile puternice și factorii de stres pe care-i resimți în momentul de față. Crezi că te poți elibera de-o parte dintre ei? Crezi c-ai putea cere ajutorul pentru a te degreva de unii? Ce soluții ai găsi azi ca să scapi de preaplinul din „recipientul" tău și să nu clachezi? Dar pe termen lung? Cum ai putea reduce factorii de stres?

E important să-ți descarci sufletul

Într-o eră a citatelor pozitive minunat ilustrate și a „concursurilor de recunoștință", trebuie să înțelegem că a te elibera de povara emoțională nu înseamnă că nu ești recunoscător pentru copiii tăi. Așa cum nu înseamnă că ai cere sfaturi ca să-ți schimbi stilul. E important ca părinții să-și aloce spațiu mai mult, să se poată descărca, să scape de preaplinul de trăiri dificile adunat în „cana" lor. Să recunoaștem ce forță pot avea un țipăt din rărunchi, niște lacrimi vărsate în solitudine, un urlet eliberator, un plânset vindecător. E sănătos să-ți descarci emoțiile. E foarte periculos să le ții încuiate de teamă să nu pari nerecunoscător, negativist sau lipsit de delicatețe.

Găsește pe cineva care să-ți ofere sprijin și consolare astfel încât să fii tu însuți și să-ți exprimi emoțiile puternice. O persoană cu care te simți în siguranță cât să-ți exprimi cele mai întunecate trăiri.

Ce ne facem însă când nu avem cu cine vorbi? Senzația de izolare poate acutiza starea de epuizare, neavând cui s-o destăinuim. Nu există o soluție simplă în acest caz, dar, după părerea mea, punctul de pornire ar trebui să fie sinceritatea față de sine, apoi o atitudine deschisă față de emoțiile celor din jur, în speranța că într-o bună zi ne vor putea întoarce favoarea. Recomand de asemenea grupuri de sprijin online care se potrivesc cu concepțiile noastre legate de rolul de părinte: un loc unde putem vorbi despre provocările și obstacolele zilnice cu oameni care gândesc la fel, care nu judecă și care ne înțeleg tânguielile. (V. secțiunea „Resurse“, *infra*, p. 213, unde am adăugat link-uri către grupurile mele.) Iar dacă nu găsești alte soluții, descarcă-ți sufletul, eliberează-te în fața unei plante din casă, a unei fotografii, a paginilor de jurnal sau chiar a câinelui ori pisicii (fără să țipi la ei, pe cât posibil!).

Pe scurt

Înainte să mergem mai departe, să recapitulăm câteva dintre cele mai relevante idei despre burnout sau epuizarea extremă:

- Burnoutul poate să ne afecteze fizic și emoțional. Ne poate nu doar îmbolnăvi, dar și depărta de copiii noștri sau de responsabilitățile noastre ca părinți, ne poate face indiferenți față de viața de familie, lăsându-ne epuizați și labili emoțional.
- Când nu mai avem resurse de energie, e mult mai probabil să ne înfuriem pe copii și comportamentul lor decât dacă am fi într-un echilibru fizic și emoțional. Burnoutul ne împiedică să fim mai calmi.
- Ca părinți, nu putem eluda cauza principală a stresului, și anume copiii noștri, dar putem fi atenți la gestionarea diverselor situații.

- Împărțirea inegală a sarcinilor și responsabilităților părintești, lipsa de recunoaștere a strădaniei noastre ne pot hrăni resentimentele față de parteneri și de copii, făcându-ne mai furioși și mai labili emoțional în raport cu ei.
- Trebuie să învățăm să recunoaștem primele simptome ale epuizării și să căutăm ajutor, chiar când ar presupune să avem încredere în alții și să rezistăm pornirii de a prelua noi sarcini dinspre ei.
- Capacitatea noastră de a face față factorilor de stres și responsabilităților e ca un recipient al cărui preaplin duce la burnout. Care e limita „cănii" tale? E plină, sau dă pe dinafară? Cum poți scăpa de sarcini excesive, ca să-ți eliberezi mintea și să faci loc pentru tine și copiii tăi?

Sper că acest capitol ți-a fost de folos. Rezonez puternic cu tema epuizării extreme, deoarece m-am aflat de multe ori în această stare. Când sunt epuizată, sunt departe de a fi o mamă calmă. De fapt, mă transform într-un haos urlător și scăpat de sub control. Au fost momente când chiar m-am speriat de răbufnirile mele. Nu am frați sau surori, iar părinții mei au murit când aveam douăzeci și ceva de ani. Prin urmare, nu există nici o rețea de sprijin pentru mine. Am tendința să preiau mult mai multe sarcini decât pot duce, iar pentru că sunt perfecționistă, mi-e greu să am încredere în alții să preia din ele. Acestea fiind spuse, eu însămi sunt într-un proces de adaptare în acest sens. Acum reușesc mult mai bine să-mi identific capacitățile emoționale și fizice, în mare parte datorită lecțiilor învățate în urma cancerului și a carantinelor Covid, iar pentru asta voi fi mereu recunoscătoare.

E cu adevărat o binecuvântare să identifici iminența burnoutului și să poți lua măsuri spre o schimbare tangibilă pentru a-l evita – e un avantaj cu un impact imens asupra stării de calm și liniște interioară în viața de zi cu zi, mai ales când ești părinte. Recomand ca toți părinții să se concentreze pe aceste măsuri de precauție. Eu, personal, pe asta pun accentul permanent. Cu cât ne rezervăm mai mult spațiu în mintea și în viața noastră, cu atât vom fi mai capabili să întâmpinăm cu calm orice situație s-ar ivi. În următorul capitol vom vorbi despre cât de important e să fim flexibili și adaptabili ca părinți.

CAPITOLUL 5

Renunță la control: Cum să gestionezi cu calm schimbările de-a lungul vieții

Dansează cu valurile, mișcă-te cu marea.
Lasă ritmul apei să-ți elibereze sufletul.
— Christy Ann Martine, poetă

Suntem produsul obiceiurilor noastre și găsim alinare în lucrurile familiare, mai ales în perioadele stresante. Ne simțim cel mai în siguranță când viața e previzibilă și ni se pare că deținem controlul asupra situației. Doar că trăim într-o lume mereu în schimbare, așa cum s-a văzut foarte bine în anul 2020, când ne-a lovit pandemia de Covid, iar tot ce știam s-a răsturnat peste noapte. Această transformare și numeroasele situații noi cu care ne confruntăm în viața de zi cu zi pot constitui niște factori declanșatori importanți pentru părinți. Tocmai când simțim că devenim mai calmi, ceva se schimbă: ne confruntăm cu întâmplări neprevăzute și trebuie să ne adaptăm. Schimbarea traumatizantă care a fost pandemia de Covid-19 a îngenuncheat mulți părinți din cauza epuizării și stresului. Peste noapte, au trebuit să devină educatori și angajați lucrând de acasă, izolați de sursele lor obișnuite de sprijin. Dar câteodată și schimbările de mai mică amploare pot fi la fel de explozive, cu un impact imens asupra stării noastre de calm.

Nu ne simțim în largul nostru și relaxați când suntem asaltați de schimbări, iar stresul ne împiedică să rămânem calmi cu copiii noștri. Într-o perioadă de agitație și schimbare, căutăm structură. Iar când aceasta se destramă, la fel poate să se întâmple și cu rezervele noastre de energie și răbdare. Dar, la fel ca neprevăzutul pe care ni-l scoate viața în cale, cum a fost pandemia, nici responsabilitățile de părinte – și nici copiii – nu rămân în stare de încremenire, ci evoluează. În viață, schimbarea nu poate fi evitată, așa că trebuie să învățăm să ne mișcăm în ritmul vieții, să străbatem valurile schimbării, și nu să ne încrâncenăm să le ținem la distanță. Poate că vom reuși să mai amânăm un pic schimbarea, dar digurile noastre mentale construite în grabă se vor prăbuși la un moment dat. Și atunci, care-i răspunsul? Într-un final, să acceptăm schimbarea, fie ea la scară mică sau mare, cu eleganță. Sună simplu, nu-i așa? Și chiar este, doar că e ceva mai greu de pus în aplicare.

Metamorfoza rolului de părinte

Perioada de graviditate marchează începutul trecerii spre o nouă identitate, indiferent dacă ești bărbat sau femeie. Odată cu nașterea unui copil, apar pe lume și părinții. Până să-ți ții pruncul în brațe pentru prima oară, ai fost o cu totul altă persoană. Preschimbarea în părinte are un mod isteț de a te determina să reevaluezi totul în viață. Te face să-ți analizezi convingerile, acțiunile, cuvintele și relațiile și reorganizează fiecare aspect practic al vieții de dinainte de nașterea copilului. Iar noi ce facem, ca reacție la această schimbare monumentală? Ne împotrivim, de obicei subconștient. Ne ținem cu dinții de trecut și luptăm cu disperare să aducem ordine și predictibilitate în viața noastră.

În primele zile de după nașterea copilului, încercăm din toate puterile să respectăm programele prescrise de somn și trezie. Ținem sub observație mesele bebelușului și ne străduim să respectăm rutina de hrănire. Verificăm tabelele de greutate, ca să vedem cât ar trebui să cântărească. Citim cărți care ne arată cum ar trebui să evolueze copilul, zi după zi. Ne concentrăm pe așa-zisele salturi de dezvoltare, urmărind, notând și previzionând comportamentul copilului, ca în prognozele meteo sau previziunile astrologice. Uneori, tot acest proces de planificare și previziune poate fi de ajutor în perioada de schimbare. Alteori, ne dă o stare și mai accentuată de stres și neliniște decât dacă am lăsa lucrurile să meargă de la sine.

„Matrescența": cum intrăm în rolul de mamă

Lucrez cu proaspeți părinți de aproape două decenii și mereu am fost fascinată de transformarea dintr-un om fără copii în părinte. Știai că există un cuvânt care descrie imensa tranziție fiziologică și psihologică prin care trec femeile când devin mame? Termenul a fost inventat în 1973 de antropologul medical Dana Raphael: „matrescență". Faptul că majoritatea oamenilor n-au auzit de acest termen arată cât de puțin cercetată, neînțeleasă și subestimată e această transformare pentru noile mame. Și tocmai de aceea au nevoie de sprijin, empatie, înțelegere și timp, nu de sfaturi nedorite și de presiunea celor din jur „de a reveni la normal" cât mai repede (că e vorba de silueta dinaintea sarcinii, carieră sau gospodărie). Ideea e că normalitatea arată acum diferit. Nu poți „reveni" la nimic, totul s-a schimbat după naștere. Corpul, mintea, inima, sufletul – n-o să mai fie niciodată la fel.

Firește că acest proces nu afectează doar mamele. Cercetarea Danei Raphael se concentra pe matrescență, dar în prezent se vorbește tot mai mult despre „patrescență": tranziția psihologică prin care trece proaspătul tată după sosirea pe lume a copilului. Asta pentru că mamele nu sunt singurele care conturează o nouă identitate în perioada postnatală.

Poți să-ți imaginezi cât de ușor ar fi pentru un părinte dacă s-ar vorbi liber în societatea noastră despre matrescență, patrescență și provocările inedite pe care le reprezintă? Cât de important e să recunoaștem schimbările majore, transformările prin care trec oamenii odată ce devin părinți, ca să nu mai vorbim de chinul nopților nedormite și al zilelor haotice, împărțite între hrană, scutece și plânsul de alinare?

Realitatea rolului de părinte ne face să ne confruntăm cu viziunile și așteptările pe care le aveam – și încă le avem – despre copiii noștri, parteneri, prieteni, familie și despre noi înșine. Deseori, așteptările nu se potrivesc cu realitatea: ne simțim derutați și dezamăgiți când viziunea se bate cap în cap cu viața adevărată. Consilieră antenatală fiind, am descoperit că femeile cărora le-a luat mult timp să conceapă, mai ales dacă au rămas gravide cu intervenție specializată, au deseori o naștere mai dificilă și un trimestru IV mai greu (cum li se mai spune primelor trei luni postnatale) decât femeile care au rămas însărcinate rapid și fără complicații. M-am întrebat adesea dacă nu cumva cauza o reprezintă timpul suplimentar petrecut gândindu-se la evenimentele și experiențele de după nașterea copilului, precum și așteptările legate de rolul de mamă ideală, ceea ce va fi dus la o anxietate sporită când lucrurile n-au fost pe potriva dorințelor lor. Uneori, nu schimbările neașteptate ni se par mai dificile, ci cele pe care le-am așteptat ani întregi și la care am visat de o mie de ori.

Schimbarea nevoilor pe măsură ce cresc copiii

Cu toate că această schimbare de început, când ni se naște copilul, e cea mai mare pe care o trăim majoritatea, nu e singura cu care vom avea de-a face ca părinți.

Pe măsură ce cresc copiii, încercăm să păstrăm cât putem de mult controlul asupra lucrurilor. Ne dorim să nu fim luați prin surprindere și să putem stăpâni situațiile, dar copiii nu vin la pachet cu un set de instrucțiuni. Cu cât ne opunem mai mult ritmului natural, cu atât rolul de părinte devine mai greu. Am descoperit că unul dintre cele mai dificile aspecte îl reprezintă schimbările majore care se produc în viața copiilor înșiși: pubertatea, liceul, facultatea, relațiile romantice serioase și tot așa. În acest timp, viața mea ca mamă suferă schimbări importante, pe măsură ce se apropie menopauza: încep să mă pregătesc pentru următoarea etapă, cu inerentul vârtej emoțional. Pare nedrept, în anumite privințe. Mă întreb adesea dacă aș putea gestiona cu mult mai ușor situația cu adolescenții mei în lipsa chestiunilor personale cu care mă confrunt: bufeurile, planul financiar de pensie, variile crize și îngrijorări specifice vârstei mijlocii. Mai mult decât atât, mulți părinți se vor trezi în așa-zisa „generație sendviș": oameni care-și cresc copiii aflați în transformări importante, în timp ce-și îngrijesc rudele mai în vârstă, ale căror nevoi, atât fizice, cât și emoționale, cresc odată cu trecerea anilor. Stresul care vine la pachet cu rolul de umplutură în sendviș, fiind strâns tare între cele două felii de pâine metaforică, poate uneori să pară copleșitor, mai ales când te gândești dacă mai rămâne timp și pentru nevoile tale.

Cum ne este afectat comportamentul în aceste etape de transformare

Pentru părinți, e de domeniul evidenței că schimbările își pun amprenta asupra comportamentului copiilor. Crize, plânset, îmbufnări, răbufniri, agresivitate – toate sunt reacții obișnuite în perioadele de schimbare pentru copii, mai ales când simt că trebuie să treacă de la o situație plăcută sau confortabilă la o situație inedită, necunoscută, dezagreabilă sau nedorită. Exemplul clasic: copilul nu vrea să plece din parc, are emoții fluctuante, este dezamăgit și frustrat, și atunci răbufnește, urlând și țipând. Alte exemple de schimbări ce induc emoții intense și comportament labil copiilor: nașterea unui frate sau a unei surori; începerea grădiniței, a clasei pregătitoare sau a școlii. În cadrul consultațiilor pe tema comportamentului dificil al copilului, prima și prima dată încerc să aflu de la părinte circumstanțele prin care trece copilul și schimbările la care trebuie să se adapteze.

Comportamentul labil pe care l-am amintit se concentrează, evident, pe copii, dar aceleași idei se aplică și adulților. Deseori, schimbările afectează starea de calm a părintelui. Tocmai când ai impresia că lucrurile încep să se așeze, bam, se întâmplă ceva, se anunță o schimbare. Tranziția de la o situație la alta ne poate face să ne simțim dezorientați, derutați, frustrați și anxioși, declanșând în noi același comportament dificil pe care-l vedem la copiii noștri. Consultanții pe teme de parenting, printre care mă număr, vorbesc pe larg în cărțile și pe site-urile lor despre reacțiile copiilor în fața schimbărilor. E nevoie să se acorde totuși mai multă atenție și modului în care pot fi ajutați părinții să facă față schimbărilor. Se presupune că, dacă suntem adulți, n-am întâmpina probleme, dar eu sunt de părere că și nouă ne poate fi la fel de greu precum copiilor, poate chiar mai greu, deoarece adesea trebuie să procesăm nu doar reacțiile noastre emoționale, ci și pe ale lor.

Tranzițiile pot fi interesante și binevenite, cum ar fi un nou loc de muncă, sau neașteptate și deloc dorite, mai ales dacă vin sub forma unor situații traumatizante, precum Covid-19 sau decesul cuiva drag. Schimbările rutinei, nevoia de a învăța noi abilități, schimbările de dietă sau program de somn, toate acestea ne pot tulbura. Nu-i de mirare că-i greu să ne relaxăm în vacanță: ajungem la destinație, dornici să ne recreăm, dar toate schimbările pot induce stresul temporar. Mereu în concediu îmi ia cam o săptămână să mă relaxez. În primele zile, mi-e greu să dorm și sunt frustrată de inabilitatea de a mă relaxa și a da la o parte grijile legate de ce se întâmplă acasă. Ironia face că, pe cât ne străduim în mod conștient, pe atât e mai greu să ne relaxăm. Destinderea specifică vacanței mă lovește de obicei atunci când nu-mi mai fac griji din cauza stresului și mă las pe nesimțite pradă relaxării și bunei dispoziții.

Schimbările majore ne pun la încercare felul în care ne percepem pe noi înșine, inducându-ne senzația de derivă. Ne pot împinge înspre burnout, perfecționism (deoarece ne analizăm în mod constant acțiunile și reacțiile) și comparație (deoarece ne comparăm abilitățile cu ale altora, care trec prin schimbări similare). De asemenea, lipsa stabilității poate scoate la suprafață probleme nerezolvate din copilărie. În cel mai bun caz, tranzițiile din viață pot să fie stresante, deoarece, prin simpla lor natură, aduc schimbare, care ne cere eforturi mai mari pentru a restabili senzația de normalitate și echilibru.

Anxietatea și schimbările în viață

Schimbările pot fi un factor declanșator puternic pentru anxietate, mai ales în cazul celor cu istoric în acest sens. Reacțiile dificile la schimbare își au frecvent originea în teamă. Poate să fie teama de necunoscut, de eșec, de a fi rănit sau de a repeta greșelile din trecut. Oricare ar fi cauza, cuplată cu anxietatea deja prezentă, putem ajunge într-o stare foarte vulnerabilă, de aceea ne opunem schimbărilor sau le evităm, ca formă de autoprotecție. Tranzițiile ne obligă să ne înfruntăm crezurile, acțiunile, experiențele și relațiile, ceea ce ne poate afecta serios, dacă deja avem probleme cu anxietatea sau stima de sine.

Iar aici mă includ și pe mine: m-am luptat cu anxietatea de când mă știu. De fapt, nu-mi amintesc să fi fost vreodată ne-anxioasă. Mecanismul meu de adaptare mă face să plănuiesc și să răs-plănuiesc, iar când lucrurile nu merg după cum am plănuit îmi vine tare greu. Primul pas e să recunoști că ți-e greu. Trebuie să fii conștient de gândurile tale, de factorii declanșatori și de reacțiile tipice pe care le-ai avea dacă ai face o schimbare. Odată cu trecerea anilor, mi-am înfruntat anxietatea în perioadele de tranziție și, cu toate că sunt departe de a fi atins seninătatea, am devenit mult mai calmă, folosind ponturile pe care le voi împărtăși în acest capitol.

Care sunt „perioadele de tranziție" în viață?

E important să înțelegem că fiecare om trăiește altfel tranzițiile din viață, iar ceea ce poate constitui o schimbare binevenită și ușoară pentru unii poate fi extrem de traumatizant pentru alții. Am notat mai jos ce-ar putea fi considerat în mod normal ca fiind o tranziție potențial dificilă în viață:

- pubertatea;
- schimbarea domiciliului;
- schimbarea locului de muncă sau întoarcerea la serviciu, după concediul de maternitate/creștere a copilului;
- încheierea unei relații;
- începerea unor noi relații;
- legarea unor noi prietenii;
- începutul grădiniței sau al școlii pentru copilul tău;
- nașterea unui copil în familie;
- plecarea copiilor de acasă sau începerea facultății;
- boala (ta sau a unei persoane iubite);
- decesul cuiva drag;
- menopauza;
- ieșirea la pensie.

În capitolul 10, voi vorbi mai pe larg despre provocările cu care se confruntă părinții în perioadele dificile, cu schimbări majore și obstacole, trecând în revistă mai multe dintre punctele de mai sus.

Tranzițiile de mai mică amploare

Uneori, cea mai neînsemnată schimbare poate provoca o mare bătaie de cap. Când aveam copii mici, un lucru de care m-am tot lovit era dificultatea de a pleca la timp din casă. Înainte să am copii, eram foarte punctuală, din motive de anxietate. Mereu ajungeam cu o jumătate de oră mai devreme la o petrecere sau un interviu, de frică să nu întârzii. Iar dacă vreodată, din motive independente de mine, ajungeam târziu undeva, mă simțeam groaznic: îmi ceream mii de scuze, mă panicam și eram foarte supărată. Nu-i greu de imaginat cum m-am descurcat după ce am avut copii. Peste noapte, am trecut dintr-o extremă în cealaltă: am început să întârzii fie pentru că bebelușul trebuia schimbat în ultima secundă, copilul era apucat de streche din cauza pantofilor de culoarea greșită sau adolescentul refuza să se ridice din pat la timp, după care stătea o oră la duș. Faptul că întârziam m-a transformat, inevitabil, într-un părinte care-și pierduse controlul și ridica vocea. În primii ani, stresul și neliniștea provocate de aceste întârzieri mă terminau nervos, ajungând să-mi proiectez emoțiile intense asupra copiilor mei. În mod paradoxal, pe măsură ce-mi pierdeam cumpătul, devenea și mai greu să ies din casă, deoarece copiii îmi simțeau starea de tulburare și reacționau prin și mai multe crize. Un deceniu sau două mai târziu, am învățat să nu mă mai consum atâta dacă întârzii puțin. Sau, mai degrabă, am învățat să accept lucrurile pe care nu le pot controla. Am mai învățat și că nu ajută pe nimeni să-mi cer scuze și să mă stresez din cauza lipsei de punctualitate. Asta pentru că nu doar întârziam, dar ajungeam și foarte tensionată, ceea ce înseamnă automat copii bosumflați sau neastâmpărați.

De ajutor în astfel de situații a fost redirecționarea atenției: în loc să-mi cer scuze, îi mulțumesc persoanei respective pentru răbdare. În loc să spun mereu „Îmi pare rău c-am întârziat", acum spun: „Mulțumesc că ne-ai așteptat". Nu schimbă cu nimic faptul că n-am ajuns la timp, dar schimbă modul în care privești situația. Acesta e secretul, după părerea mea, atunci când avem de-a face cu schimbări mici, dar care dau bătăi de cap. Nu trebuie să le eviți sau să te stresezi din cauza lor, ci să le accepți și să reacționezi chibzuit.

De ce avem nevoie în perioadele de tranziție?

Când ne confruntăm cu schimbări majore, avem nevoie de aceleași lucruri precum copiii care nu vor să plece din parc sau nu-și doresc un frate ori o soră: înțelegere, compasiune, răbdare și organizare din timp – doar că, de astă dată, orientate spre sine, nu spre copii.

Iată mai jos cele mai importante puncte de care ar trebui să ținem cont când avem de-a face cu schimbări problematice:

- Pregătirea: crearea unui plan de urmat, împărțirea sarcinii în segmente ușor de gestionat.
- Așteptările realiste: la fel cum nu ar trebui să ne așteptăm de la copii să aibă abilități de gestionare a emoțiilor precum adulții, n-ar trebui să ne așteptăm nici ca noi să

trecem prin tranziții noi și importante ca lebăda pe apă. Va fi greu, ni se va părea greu, și e OK să fie așa.

- Acceptare: schimbările sunt inevitabile în viață. Nu le putem evita, dar putem învăța cum să le abordăm.
- Sprijinul: e esențial să găsești o persoană sau o sursă de informare pe care să te poți bizui, mai ales dacă tranziția implică înțelegerea unui nou lucru.
- Conexiunea: comunicarea cu alți oameni care înțeleg și se bucură să-ți fie alături (să ne amintim de ideea de *containment* din capitolul anterior) îți permite să te concentrezi pe reglarea propriilor emoții, prin oglindirea celor ale persoanelor cu care comunici.
- Compasiunea față de sine: așa cum ar trebui să dăm dovadă de compasiune față de un copil care se confruntă cu o schimbare în viață, la fel ar trebui să fim buni și cu noi înșine. Trebuie să ne acordăm timpul și spațiul de care avem nevoie ca să ne evaluăm emoțiile, fără asprime.

Vom încheia acest capitol trecând în revistă câteva exerciții și activități care ne ajută să fim mai calmi în perioadele de tranziție.

Ponturi și exerciții pentru a face față schimbărilor

Următoarele activități pot să ajute la diminuarea stresului, anxietății și, în cele din urmă, a răbufnirilor furioase pe care le-am avea ca părinți în perioadele de tranziție. Nu trebuie să le faci pe toate, dar sper c-o să găsești unul sau două care să funcționeze pentru tine.

Alcătuiește diverse liste

Ador listele. Îmi dau senzația că dețin controlul asupra situațiilor, chiar și a celor imposibil de controlat. Întâi de toate, atunci când întocmești o listă îți acorzi timp să-ți faci ordine în cap: în acele clipe poți să stai și să faci planuri luând în considerare toate posibilitățile și opțiunile. Gestul de a-ți trece ideile pe hârtie (sau pe ecran) pune bazele planului tău, iar listele devin un fel de schelă care-ți dau impresia de sprijin. Eu sunt fana listelor scrise pe hârtie și am și o tablă în bucătărie, unde-mi notez în mod regulat treburile de bifat. De asemenea, țin liste pe laptop și în telefon, deoarece îmi conferă liniște, chiar dacă nu le pun în practică.

EXERCIȚIUL 1: Întocmește o listă în fiecare zi

Poți să scrii câte o listă pe zi, timp de o săptămână? Notează-ți în fiecare seară tot ce vrei să realizezi în ziua următoare și taie treburile de pe listă pe măsură ce le îndeplinești.

Stabilește-ți scopuri de mică anvergură, realizabile

Când vine vorba de ambiție, e admirabil să ai scopuri înalte, dar probabil că e mai realist să-ți stabilești țeluri de mică anvergură. Dacă avem scopuri prea mari, nu doar că pot părea imposibil de realizat, dar, atunci când nu le îndeplinim, putem să simțim vinovăție, remușcare și lipsă de încredere în sine. Iar toate acestea ne pot afecta puternic abilitatea de a fi un părinte calm.

EXERCIȚIUL 2: Împarte țelul în segmente mai mici

Data viitoare când îți stabilești un scop, desfă-l în sarcini mai mici, ca să o poți bifa pe fiecare pe rând. Nu-i așa că te simți mai încrezător folosind această abordare?

Ține un jurnal

Ai avut un jurnal în adolescență? Mulți ne-am notat gândurile zilnic, dar am renunțat la acest obicei, acaparați fiind de problemele vieții de adult. Scrisul zilnic – sau chiar și săptămânal – în jurnal te poate ajuta să înțelegi mai bine ce simți, mai ales în perioadele cu schimbări importante (tocmai din acest motiv, mulți adolescenți țin un jurnal).

EXERCIȚIUL 3: Redescoperă scrisul în jurnal

Alege un caiet nou și frumos și un pix, iar când ai timp, ia-ți câteva minute să-ți analizezi trăirile, notându-le. S-ar putea să te ajute surprinzător de mult.

EXERCIȚIUL 4: Vizualizarea

Dacă vezi că ți-e greu cu o anumită tranziție, așază-te într-un loc liniștit, închide ochii și vizualizează-te în trecut, când ai depășit alte schimbări cu succes. Imaginează-ți același sentiment de împlinire de după noua provocare și retrăiește calmul pe care l-ai simțit în trecut.

Ritual și rutină

În perioadele de tranziție, când simțim că nu deținem controlul, ritualurile și rutina pot să ne ajute. Un exemplu potrivit ar fi organizarea înmormântării după moartea cuiva drag. Faptul că ne concentrăm pe planificarea aranjamentelor florale, a discursului, a hainelor de doliu și nu numai oferă un mod creativ de a ne exprima o parte din suferință și ne ajută să gestionăm anxietatea. Un alt exemplu ar fi celebrarea menarhei (începutul menstruației), tot mai frecventă în societatea occidentală deoarece poate ajuta fetele să proceseze și să accepte schimbările prin care trece corpul lor. Odată ce adăugăm ritualuri și rutină schimbărilor prin care trecem, ne putem baza pe ele în momentele de stres și anxietate.

EXERCIȚIUL 5: Creează un ritual

Dacă tu sau copiii tăi aveți probleme cu o rutină, poți integra o rutină nouă de familie sau un ritual care să te ajute să faci față situației? De exemplu, ai putea să creezi un ritual legat de începerea școlii de către copilul tău. Poate să compuneți un cântec special pe care să-l cântați când vă luați rămas-bun unul de la celălalt în prima zi de școală, sau să pregătiți o masă specială în familie, în seara de dinainte. Dacă te muți în casă nouă, ritualul poate presupune să-ți iei rămas-bun de la fiecare încăpere din cea veche, să dai cu un parfum special pentru tine sau să stați la masă pentru ultima dată într-o cameră ce păstrează cele mai speciale amintiri pentru tine, mulțumindu-i că ți-a fost casă. Apoi, ai putea repeta ritualul în casa nouă, de data asta salutând fiecare cameră, dând cu același parfum special în toate colțurile și alegând un loc unde să te bucuri de „o cină specială de casă nouă".

EXERCIȚIUL 6: Concentrează-te pe aspectul pozitiv

Tranzițiile pot fi perioade în care învățăm foarte multe, cu toate că e greu să apreciem acest lucru în momentele dificile și stresante. Încearcă să găsești câteva clipe de liniște și pace, în care să te concentrezi pe noile abilități pe care le-ai învățat, pe experiențele inedite sau posibilitățile care au apărut, pe relațiile care s-au format datorită tranziției. Notează-le în jurnal.

Arta labirintului

Când eram *doula* și consultantă prenatală, exista un interes sporit în folosirea labirinturilor în timpul sarcinii, ca pregătire pentru naștere. Labirintul se spunea că reprezintă fazele de schimbare (de exemplu, aducerea pe lume a unui copil), cu curbe, drumuri greșite, fundături, întoarceri și reveniri, înainte să ajungi în sfârșit pe drumul clar spre ieșire sau centru. Vizualizarea unui labirint ne ajută să fim atenți la drumul pe care-l parcurgem, anticipând posibilele suișuri și coborâșuri și fiind conștienți că toate acestea sunt parte din călătorie.

EXERCIȚIUL 7: Desenează-ți propriul labirint

Încearcă să desenezi un labirint simplu, precum cel de mai jos, și să te gândești la tranzițiile care-ți ridică probleme. Notează cele mai dificile aspecte, direcțiile greșite și momentele când ai simțit că vrei să dai înapoi. Te va ajuta să te concentrezi pe detaliile călătoriei tale înspre țelul stabilit. Nu uita că destinația e mereu la orizont, chiar dacă ți se pare că drumul până acolo e complicat.

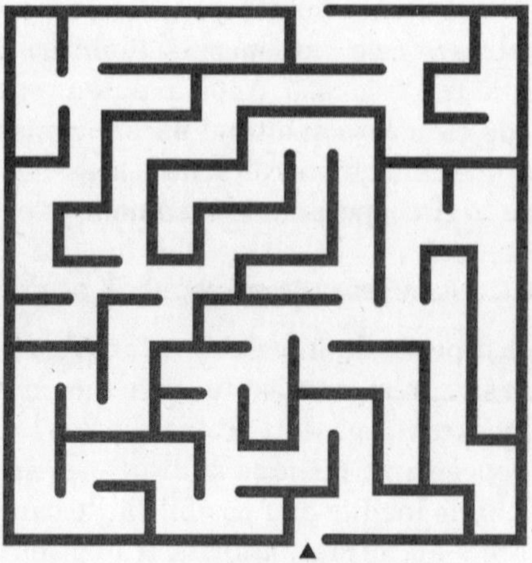

Pe scurt

În final, m-am gândit c-ar fi potrivit să rezum câteva dintre ideile de bază legate de schimbările din viață: înțelegerea și punerea lor în practică ne pot ajuta să devenim părinți mai calmi:

- Rolul de părinte implică numeroase tranziții, de la matrescență și patrescență până la plecarea copiilor de acasă. E normal să ne fie greu când se produc, dar ar trebui să fim conștienți că tot acest context poate avea un impact foarte negativ asupra abilității noastre de a fi părinți calmi.
- Toată lumea are probleme cu schimbările în viață. Așa cum acestea pot să scoată la suprafață emoții și comportamente dificile la copii, același lucru e valabil și pentru adulți. Propriile noastre emoții și comportamentul se pot deteriora rapid când avem de-a face cu o tranziție.
- Schimbările mici pot fi la fel de dificile ca tranzițiile mari în viață. Nu le ignora impactul. De exemplu: „Am născut și m-am mutat în casă nouă în același an, de ce mi-e greu să aleg o altă sală de sport?“

- La fel cum ne-am sprijini copiii sau oamenii dragi, trebuie să dăm dovadă de aceeași înțelegere și compasiune și față de noi înșine când trecem prin schimbări.
- Asimilarea schimbării prin țeluri mai mici și mai realizabile ne ajută să nu ne abatem de la drum, să ne creăm așteptări realiste și să facem tranziția mai ușor de gestionat, păstrând totodată și starea de calm, pe cât posibil. Putem folosi tehnica listelor, jurnalul, arta labirintului sau alte exerciții creative similare.

Sper că acest capitol te-a ajutat să înțelegi influența pe care o au schimbările asupra vieții și, mai important, asupra abilității fiecăruia de a fi un părinte calm. Tranzițiile pe care le aduce rolul de părinte în mod special pot declanșa metamorfoze minunate, doar să le dăm voie. E nevoie să le abordăm cu grijă și să le lăsăm să ne modeleze, să ne schimbe cu blândețe, în loc să ne încrâncenăm împotriva valurilor care tot vin. Iată în încheiere un citat care pe mine mă ajută mereu în perioadele de tranziție. Îi aparține profesorului de medicină, autor al unor cărți de mindfulness, Jon Kabat-Zinn: „Nu te poți pune împotriva valurilor, dar poți învăța cum să le străbați“.

CAPITOLUL 6

De ce n-ar trebui să ne ocupăm mereu timpul cu ceva: Descoperirea uitatei arte de a nu face nimic

Uneori, să stai și să nu faci nimic e
cel mai bun lucru pe care-l poți face.
— Karen Salmansohn, scriitoare

Când a fost ultima oară când ai stat pur și simplu, fără să faci ceva anume și fără să te simți vinovat? Poate bebelușul dormea, copilul se juca, se uita la un film sau era pe-afară cu prietenii, și te-ai trezit dintr-odată liberă. Liberă de responsabilitatea îngrijirii unui copil, chiar dacă doar temporar, fără sarcini arzătoare la muncă și fără nici o treabă de care să te ocupi „chiar acum", te-ai gândit cum ar fi cel mai bine să-ți petreci timpul. Poate ai stat și te-ai bucurat de liniște preț de câteva minute, înainte ca să treci în revistă toate lucrurile ce trebuie făcute prin casă, gătitul și lista de cumpărături de întocmit, rufele de pus la locul lor, gazonul de tuns. Dar apoi ai simțit familiara împunsătură a vinovăției. Pentru că n-ar trebui să iei pauză când sunt atâtea de făcut. Pentru că dai dovadă de lene dacă stai și te relaxezi când e haos în casă. Pentru că ai facturi de trimis sau e-mailuri la care să răspunzi...

Această vinovăție și inabilitatea noastră de a sta pur și simplu, cu corpul și mintea noastră, în loc să încercăm să umplem încontinuu fiecare clipă cu „chestii" sunt un blestem al vieții moderne și un mare obstacol în a atinge calmul ca părinte. Deoarece, atunci când nu domolim ritmul bucurându-ne de o pauză, ne îndreptăm rapid spre burnout, care duce la stres și furie, care sunt, inevitabil, îndreptate spre copiii noștri.

În general, societatea noastră consideră că cei mai de succes oameni sunt, de obicei, și cei mai ocupați. Prin urmare, cu cât ești mai puțin ocupat, cu atât ești mai „nerealizat". Truda și programul plin sunt lăudate. Pauzele și ritmul mai lent sunt sinonime cu lenea și o productivitate mai scăzută. Această convingere e slăbiciunea multor adulți, nu doar a părinților, dar lucrurile nu stau de fapt așa. Noi, părinții, avem oricum programul destul de plin, fără solicitările suplimentare pe care ni le scoate viața în cale. Cedăm sub presiune și, culmea, realizăm mai puține lucruri când ne aglomerăm și tragem de noi peste poate. A fi ocupat nu înseamnă a avea succes – și clar nu ne face părinți mai buni. De fapt, cu cât devenim mai ocupați, cu atât suntem mai puțin calmi cu copiii. Trebuie să renunțăm la această concepție idealizată. A te bucura de timp liber nu înseamnă a fi leneș sau inferior. Deseori, e cea mai isteață alegere.

De ce e dăunător să lăudăm agendele încărcate

În 2021, am câștigat un concurs național sponsorizat de o marcă importantă de telefoane mobile: am fost încoronată „Cea mai ocupată mamă din Marea Britanie". Ca parte din pachetul de premii, am petrecut ziua în Londra, cu o echipă de stiliști, coafeze, machieuri și fotografi, care m-au aranjat pentru o ședință foto, publicată apoi într-o revistă glossy importantă. Un articol pe o pagină întreagă anunța că am câștigat premiul pentru toată munca depusă: crescut cei patru copii, condus afacerea mea în timpul zilei, scris cărți și bloguri seara, pregătit cursuri pentru gravide în weekenduri. De asemenea, am lucrat ca *doula* la naștere, am fost voluntară în cadrul comitetului de părinți de la școală și membră a celui de la grădinița locală. Articolul mă lăuda pentru că jonglasem cu atâtea mingi și avusesem atâtea realizări. În prim-planul cu fața mea, eram radioasă, aveam părul catifelat și strălucitor și un machiaj minunat, toate presărate cu un zâmbet larg. Viața mea părea perfectă. Chiar de invidiat. Pe lângă schimbarea de înfățișare, am câștigat o vacanță de două săptămâni în Caraibe – binemeritata pauză, după cum mi-a fost prezentată. Articolul nu pomenea însă cât de epuizată eram. Eram atât de obosită, încât era o corvoadă până și să mă pieptăn dimineața, așa că petreceam zile întregi cu părul prins în coc: un cuib de păsări cu o mătură dedesubt. Ajunsesem într-un asemenea hal de oboseală, încât mi-era mereu rău, iar sistemul imunitar aproape că sucombase. Existența mea era un șir nesfârșit de boli și răceli, și mi-am implorat doctorul să-mi facă analize ca să văd de ce eram atât de obosită tot timpul. Analizele au arătat însă că, din punct de vedere medical, totul era în regulă. Nervii mi-erau atât de încordați, încât țipam frecvent la copii. Zi de zi, nu făceam nimic altceva decât să fiu la dispoziția celorlalți, nemaiavând pic de timp pentru mine. Articolul era o minciună, iar acum, când mă gândesc la el, îmi dau seama cât de mult rău a făcut întreaga discuție. Să fii „Cea mai ocupată mamă din Marea Britanie" nu e un titlu dezirabil, ci ceva ce ar trebui să evităm cu orice preț. E un concept foarte distructiv, și-mi pare extrem de rău c-am fost implicată în așa ceva.

Excesul dăunează, de cele mai multe ori

Când căutăm modalități de a ne îmbunătăți viața (de exemplu, când urmărim să devenim mai calmi), de regulă ne întrebăm ce-am mai putea face în plus, pe lângă ce facem deja (oamenii de știință îi spun „comportament aditiv"). În schimb, ar trebui să ne gândim la ce anume putem renunța. Când am anunțat că scriu cartea asta, am primit multe mesaje care mă întrebau dacă o să scriu despre obișnuitele „îngrijire, yoga, meditație, mindfulness, hobby-uri" pe care le găsești în majoritatea cărților de self-help, adresate părinților stresați. Când am răspuns că nu, c-o să mă concentrez pe motivele pentru care suntem stresați și pe eliminarea excesului de bagaj care ne împiedică să fim mai calmi, majoritatea se arătau surprinși.

Trăim într-o cultură care ne îndeamnă în mod constant să facem mai mult, să cumpărăm mai mult, să fim mai mult. Ideea de a face cât mai puțin nu ne vine în mod natural. După cum s-a dovedit științific, oamenii de regulă caută să adauge ceva când au de rezolvat o problemă, în loc să elimine elemente.[1] Cercetătorii de la Școala de Inginerie și Științe Aplicate a Universității din Virginia au studiat acest lucru și au arătat că procedăm astfel pentru că e nevoie de mai mult efort cognitiv pentru a ne concentra pe soluții bazate pe eliminări și pentru că alegem inconștient primele soluții ce ne vin în minte, și anume cele bazate pe adăugiri.

Ce ne-au învățat carantinele din timpul pandemiei de Covid

Unul dintre cele mai puternice învățăminte trase în pandemie a fost puterea lui „a face mai puțin". Peste noapte, lumea a fost aruncată fără voie în carantină și am fost obligați să stăm acasă; mulți n-au putut munci sau au fost nevoiți să-și ia concediu. În multe privințe, carantinele ne-au pus la grea încercare, mai ales pe cei cu copii, trebuind să ne asumăm rolul de profesor cu normă întreagă, pe lângă sarcinile zilnice de părinte; în alte privințe însă, ne-au oferit și lecții importante. Am învățat că distracția nu trebuie să aibă loc mereu în afara casei ca să aibă valoare. Am învățat să apreciem activitățile simple, cum ar fi gătitul împreună, grădinăritul; că o plimbare la aer curat ne face mai bine decât ne-am fi imaginat vreodată. Perioadele de carantină ne-au determinat să reevaluăm viața de dinainte de Covid. Mulți nu ne-am mai întoarce la birou zi de zi, după ce modelul hibrid, de acasă și de la birou, cândva un vis îndepărtat, a devenit realitate. Pandemia m-a învățat să apreciez lucrurile mici, să mă bucur de detaliile fiecărei zile și, cel mai important, m-a învățat s-o iau mai ușor. După mai mult de un an de ritm mai lent, nu mă grăbeam să mă întorc la „normalitatea" și agitația de dinainte de Covid, și știu că nu sunt singura.

Puterea unei zile în care nu faci nimic

Îți amintești zilele lungi de vară din copilărie? Zilele când nu aveai nimic planificat, nici activități organizate ori programate. Puteai să te joci în grădină, să faci plăcinte din noroi și coronițe de margarete, sau să te plimbi pe străzi cu prietenii, mergând cu bicicleta de la o casă la alta, vorbind ore-n șir. Zile pline cu „nimic", care au devenit unele dintre cele mai frumoase zile din viața noastră. Amintirile mele preferate din copilărie se întâmplă duminica. Sunt copil, prin anii '80-'90, când majoritatea magazinelor erau închise duminica. (Abia în 1994 s-au schimbat legile și magazinele au putut să se deschidă duminica, având program mai scurt.) Zilele de duminică din copilărie erau pline cu mese de fripturi, cu tuns gazonul, spălat mașini, pescuit, plimbări, vizitat rudele și lenevit în grădină, citind suplimentele de la ziarele duminicale. Majoritatea copiilor și adolescenților de acum ar fi oripilați să trăiască weekenduri atât de plictisitoare, dar pentru mine erau minunate. Acele zile ofereau o pauză foarte importantă, conexiune cu cei din jur și o relaxare practic forțată. Acum, zilele de duminică seamănă cu orice altă zi aglomerată. Putem face cumpărături oricând, supermarketurile fiind deschise nonstop, iar magazinele online, la doar un clic distanță. Avem distracție la comandă și rareori ne bucurăm de normalitatea plictisitoare de a petrece timp acasă, nefăcând nimic. Cred că e important să aducem puțin din trecut în prezent și să respectăm din nou o zi de odihnă pe săptămână. Dacă o zi pe săptămână pare un plan prea ambițios, atunci încearcă măcar două ore pe săptămână, timp în care să te concentrezi pe a face mai puțin și să profiți de bucuriile simple ale vieții de zi cu zi.

Puterea pe care o are joaca (da, chiar și pentru adulți)

Îți amintești bucuria pe care o simțeai când desenai și colorai, când te jucai cu Lego sau trenulețe când erai mic? Joaca e unealta principală de învățare pentru copii, importantă și necesară. Când devenim adulți însă, joaca e privită ca o frivolitate și o pierdere de vreme. Joaca, în sine, nu-și pierde niciodată valoarea. Doar o privim noi diferit, în funcție de vârsta individului.

Joaca e, într-adevăr, o unealtă minunată care ne ajută să ne relaxăm și să devenim părinți mai calmi. Multe exerciții sunt ilustrații perfecte ale tehnicilor de mindfulness puse în practică. Joaca poate să ne învețe s-o luăm mai ușor, să eliberăm într-un mod sigur sentimentele dificile care s-au adunat, să ne concentrăm pe aici și pe acum și să dăm problemele la o parte. Joaca e și un mod excelent de a ne apropia de copiii noștri. Joaca nu și-a pierdut niciodată valoarea când am crescut, indiferent de ce ne spune societatea. Să învățăm să ne jucăm din nou, să ne bucurăm când colorăm, să punem laolaltă piesele unui puzzle sau să conducem o mașină cu telecomandă prin sufragerie – nu doar cu copiii, ci și singuri – e o modalitate extraordinară de a recăpăta o doză de calm. Joaca nu e niciodată timp irosit, ci mai degrabă bine investit: cu toții am fi părinți mai buni dacă am face asta mai des.

Limitele, arma ta secretă pentru a fi un părinte mai calm

Pe măsură ce am înaintat în vârstă, mi-am dat seama cât de important e să spun „nu“ mai des. Pe la 30 și ceva de ani, respectul de sine și valoarea mea ca părinte mi se păreau a fi condiționate de lucrurile pe care le făceam, mai ales pentru ceilalți. Nutream inconștient convingerea că, dacă preiau cât mai multe și ajut cât pot, nu numai că oamenii mă vor plăcea mai mult, dar mă vor și considera o mamă mai bună. Acum văd cât de ridicol sună, dar sunt convinsă că mulți gândesc la fel. A face pe plac oamenilor și a nu le putea refuza solicitările sunt afecțiuni des întâlnite printre părinți, mai ales printre mame. Dar nu astfel le câștigăm respectul și admirația celorlalți. Le merităm și când ne relaxăm sau când spunem „nu, îmi pare rău, am ajuns la o limită acum“. Toți ar trebui să fim conștienți că ne asumăm mai mult decât putem duce în mod realist (mai ales când în ecuație intră și sarcinile de părinte, propriile noastre nevoi și misiunea de a deveni mai calmi), în încercarea greșită de a ne convinge pe noi și pe alții că le putem face pe toate. E eliberator să spunem „nu" (o idee la care vom reveni mai târziu, când vom vorbi despre relațiile cu adulții), ne îngăduie să ne concentrăm pe nevoile proprii, pe viața noastră, și ne ajută să devenim mai calmi. Aceasta e concepția pe care am îmbrățișat-o cu toată inima în ultimii doi ani.

Cum să spui „nu" mai des

A-i refuza pe ceilalți pare a fi un fel de tabu social și, prin urmare, de teamă să nu părem nepoliticoși, acceptăm adeseori mai mult decât putem duce. Am făcut frecvent acest lucru, pentru că mi-era teamă de percepția celor refuzați, mai ales în plan profesional. Inabilitatea mea de a spune „nu" m-a costat scump, atât în ceea ce privește sănătatea emoțională, cât și cea fizică, precum și în relația cu copiii. Știam că am o problemă, așa că am investit timp observând persoane pe care le admiram și care puteau refuza solicitările celor din jur fără să aibă remușcări sau să stârnească reacții negative. Acum am câteva fraze pe care le folosesc când simt cum revine acea vinovăție familiară și sunt tentată să spun „bine" când inima și sufletul meu urlă „nu":

- „Mulțumesc că te-ai gândit la mine. Mă tem că mi-am atins limita acum."
- „Mi-ar plăcea să te ajut, dar acum mi-e imposibil să mai iau o sarcină în plus."
- „Aș vrea să pot accepta, dar, din păcate, sunt prea ocupată."
- „Nu pot să te ajut, dar cunosc pe cineva care s-ar putea s-o facă."
- „Din păcate, nu te pot ajuta cu asta, dar uite aici un link/număr de telefon care e posibil să fie util."

- „Nu e un moment bun pentru mine, dar mulțumesc mult c-ai întrebat."
- „Îmi pare rău, nu pot să fac asta, dar îți doresc baftă."
- „Acum nu pot, dar întreabă-mă din nou pe viitor."
- „Asta nu e pentru mine, îmi pare rău."
- „Vai, sună grozav, dar am prea multe pe cap, așa că va trebui să refuz."

Cu cât exersezi mai mult, cu atât devine mai ușor să spui „nu". E ca și cum ai antrena un mușchi: la început e neplăcut și uneori dureros, dar, cu cât îl antrenezi mai mult, cu atât devine mai puternic, până când, în cele din urmă, ți-e ușor să-l folosești.

Plictiseala: Cel mai bun dar pe care-l poți oferi copiilor tăi

Un alt mod prin care vinovăția se strecoară și ne forțează limitele e tendința de a umple fiecare moment al zilei pentru copiii noștri cu distracții și activități senzoriale sau bogate în stimuli. Pe scurt, suntem o generație care se teme că micuții se vor plictisi. Planificăm în cel mai mic detaliu vacanțele și weekendurile, programăm serile cu precizie militărească, ne facem griji că nu sunt destul de solicitați, mai ales când copiii strigă „m-am plictisit". E înfiorător de mare presiunea pe care o simt atâția părinți de a-și distra copiii.

Vreau să-ți spun trei secrete valoroase pentru un părinte:

1. E în regulă ca odraslele să se plictisească. Asta nu spune nimic despre abilitatea ta ca părinte.
2. E în regulă să nu planifici activități speciale sau distracții cu copiii în weekend sau în vacanță.
3. Plictiseala le prinde bine copiilor.

Să ai copii plictisiți și nici un plan, în afară de rutina obișnuită a vieții de familie, săptămâni la rând, nu înseamnă că ești un părinte rău, la fel cum umplerea fiecărei zile cu parcuri tematice, picnicuri, joacă, mers la cinema și teatru, tabere de activități, înot, întâlniri la joacă și tot așa nu înseamnă că ești un părinte bun. Nu spun că e ceva în neregulă dacă organizezi activități speciale cu copiii tăi, dacă vă plac tuturor sau dacă sunt necesare ca modalitate de a avea grijă de ei cât lucrezi. De asemenea, nu am nimic cu cei care consideră că ieșitul din casă și activitățile cu copiii sunt un mod de a evita certurile dintre ei. Doar că atenție: dacă presiunea constantă de a-ți distra copiii în „timpul liber" ți se pare stresantă, atunci îți va afecta și starea de calm. Iar în cazul acesta, înțelept ar fi s-o lași mai ușor.

De ce e plictiseala bună pentru copii?

Fără doar și poate, ar trebui să apreciem plictiseala, nu s-o evităm. Aceasta îi ajută pe copii:

- să-și dezvolte imaginația;
- să devină mai răbdători;
- să-și dezvolte creativitatea;
- să-și dezvolte abilitatea de a rezolva probleme;
- să-și îmbunătățească relațiile.

Toate acestea pot întări stima de sine și încrederea unui copil, punând bazele în mod definitoriu personalității de mai târziu, ca adult – pentru că un individ mulțumit să stea de unul singur va avea șanse mai mari de a construi relații sănătoase pe parcurs.

Cele mai simple amintiri sunt cele mai plăcute

Deseori, îi aud pe părinți spunând că simt nevoia să planifice zilele și să stabilească activități ca să creeze amintiri speciale pentru copiii lor. Însă această idee subminează ce oferă părinții zi de zi în viața de familie. Copiii apreciază timpul și conexiunea cu părinții lor, ceea ce poate să se întâmple la fel de ușor (și mult mai ieftin) acasă.

Care sunt amintirile tale cele mai prețioase din copilărie? Implică activități organizate, cluburi și zile complexe afară? Sau se concentrează mai mult pe casă și familie? Când eram mică, părinții mei organizau foarte puține activități pentru mine sau pentru noi ca familie, în mare parte pentru că pur și simplu nu-și permiteau să mă țină ocupată în mod constant, cu activități costisitoare în oraș sau cu diverse cluburi. În schimb, mă jucam cu prietenii mei, făceam prăjituri cu mama, mergeam cu bicicleta, mă uitam o oră sau două la emisiuni pentru copii (am crescut într-o perioadă în care cam atât se transmitea pe zi!) și spălam mașina cu tata. Uneori, în zilele călduroase, stăteam întinsă pe o pătură pe iarbă și citeam ore întregi o carte de la bibliotecă, desenam sau le scriam scrisori prietenilor mei. Poate aveam o zi mai specială la finalul vacanței și câteva picnicuri într-o pădure din zonă, dar cam atât. Îmi amintesc cum mă plângeam frecvent că mă plictisesc, dar acum, când privesc în urmă, sunt recunoscătoare pentru învățămintele acelei perioade. Poate și copilăria ta a fost cam la fel? În prezent, copiii au parte de zile foarte aglomerate, alergând de la o activitate la alta. Atât copiii, cât și părinții par epuizați, și toți știm ce se întâmplă cu stresul când apare epuizarea.

Un ritm mai domol ți-ar putea prinde bine, dacă vrei să devii mai calm. Poate cea mai mare problemă cu programul supraîncărcat și excesul de distracții pentru copii e faptul că, pe măsură ce le sporim numărul de activități, vor fi tot mai agasați în situațiile de plictiseală. Cu cât un copil devine mai plictisit, cu atât sunt șanse mai mari să se plângă din cauza asta, iar noi să ne pierdem cumpătul când vom răspunde. E un cerc vicios, care deseori duce la stres și epuizare pentru toată lumea. Singurul mod prin care poți sparge cercul e să schimbi ceva.

Provocări și exerciții împotriva unui program încărcat

E greu să-ți eliberezi programul, deoarece trăim într-o cultură dominantă care încurajează multitudinea de activități, ceea ce înseamnă că viața ni se umple cu de toate și uităm că există alternative. Să ai mai puține activități în program înseamnă să mergi împotriva curentului și, deseori, să rupi cercuri vicioase preluate din copilărie. Încearcă următoarele exerciții, care o să te ajute să reduci aglomerația din viața ta.

EXERCIȚIUL 1: Alocă-ți jumătate de oră pe săptămână în care să nu faci nimic

Dacă nu ești obișnuit să te relaxezi sau să ai timp liber, probabil nu e cea mai bună idee să sari direct la o jumătate de zi liberă pe săptămână. Încearcă să te obișnuiești începând cu perioade scurte de timp. Programează-ți jumătate de oră pe săptămână de „făcut nimic" și încearcă să eviți orice ți-ar distrage atenția. Nu e un răgaz în care să-ți schițezi în minte liste cu treburi sau să decizi spontan să faci curățenie generală prin casă. Sunt 30 de minute în care alungi din minte orice gânduri legate de copii sau gospodărie și îți iei o pauză de la treburi. E nevoie de antrenament și, cel mai probabil, la început o să ți se pară incomod, dar toți trebuie să începem de undeva.

EXERCIȚIUL 2: Găsește o metodă de joacă agreabilă

Amintește-ți perioada când erai mic și-ți plăcea să te joci. Care era jucăria sau joaca ta preferată? Aveai un hobby căruia nu i te-ai mai dedicat de când ai devenit părinte? Programează-ți săptămânal un pic de timp pentru „joacă". Nu trebuie să fie mult: 15 minute sunt suficiente. Fă ceva pur și simplu relaxant, nelucrativ, fără alt scop decât acela de a te amuza.

EXERCIȚIUL 3: Învață-ți copiii că plictiseala e importantă

Oferă-ți pe cât posibil măcar o zi pe săptămână în care să nu planifici nimic dinainte (în afară de muncă și școală). Lasă-te dus de val și fă ce vrei în ziua aia, mai ales dacă implică relaxare și minimum de activitate. Ajută-ți copiii să învețe că e în regulă să nu facă nimic, observându-te pe tine. La fel cum tu ai învățat poate de la părinți să-ți ocupi mereu timpul, nefiind în largul tău când nu ai activități planificate, și copiii tăi vor învăța de la tine cum să se împace – sau nu – cu plictiseala.

EXERCIȚIUL 4: Exersează diverse moduri de a spune „nu"

Încearcă să-ți găsești propriile formule de folosit pentru a impune anumite limite și a spune „nu“. Notează-le undeva, ca să poți recurge la ele oricând e nevoie (mai ales când te simți aiurea să-i refuzi pe ceilalți). După ce-ți pregătești formulele, fii atent cât de des le folosești și cum devine tot mai ușor să spui „nu“.

EXERCIȚIUL 5: Observă-ți reacțiile la ideea de a face mai puțin

Când le sugerez părinților să-și mai domolească ritmul astfel încât să-și îmbunătățească starea de calm, mulți răspund pe loc: „Dar dacă încetinesc motoarele, devin stresat sau mă gândesc că nu pot să nu fac nimic, iar cu copiii e și mai greu“. Dacă te regăsești în această descriere, întreabă-te dacă a avea timpul mereu ocupat chiar e în folosul tău și te ajută să fii un părinte mai calm, sau dacă nu cumva e un fel de fugă (v. *supra*, secțiunea „Reacțiile de fugă, luptă, supunere și blocajul (sau non-reacția)“, p. 31). A-ți ocupa timpul e oare un comportament învățat, care-ți permite să eviți emoțiile mai profunde ce s-ar putea ivi când nu mai faci nimic, sau un mod de a face față comportamentului copilului tău atunci când domolești ritmul? Nu cumva ocupațiile permanente te stresează și mai mult, chiar dacă ai impresia că te ajută?

Pe scurt

Sper că acest capitol te-a ajutat să înțelegi că a te menține mereu ocupat poate împiedica serios starea de calm. Înainte să trecem la următorul capitol, iată o scurtă recapitulare a punctelor principale discutate aici:

- În cultura noastră, faptul că ești ocupat nu e doar acceptabil din punct de vedere social, dar și lăudabil. Această perspectivă poate să ne facă mult rău.
- Când suntem ocupați și tragem de noi, riscăm să ajungem la burnout, să devenim irascibili și stresați, ceea ce înseamnă că numai calmi nu suntem ca părinți.

- Tindem să rezolvăm problemele complicând lucrurile și luând și mai multe sarcini în cârcă, însă adeseori cu cât mai puțin, cu atât mai bine. E important să fim conștienți de acest lucru, și astfel vom fi mai în largul nostru în clipele de relaxare și odihnă.
- Nu te teme să-ți lași copiii să devină plictisiți. Plictiseala poate să fie o binecuvântare, în timp ce un program prea încărcat, în căutare de distracții planificate, poate fi nu doar epuizant, ci și contraproductiv, de vreme ce copiii nu învață cum să accepte lipsa de activități.
- Trebuie să învățăm să spunem „nu" și să nu ne simțim vinovați din cauza asta. Nu e greșit să impui anumite limite. De fapt, ele ne ajută să fim mai calmi, pentru că ne permit să ne concentrăm pe propriile nevoi, și nu pe ale altora.

Vom discuta din nou despre problema limitelor în capitolul următor, pe tema relațiilor cu ceilalți, când vom vedea și cum ne afectează ele stilul de parenting.

CAPITOLUL 7

Relațiile cu partenerii, alți părinți și familia extinsă: De ce afectează ele relația pe care o ai cu copilul

Relațiile grozave nu sunt grozave pentru că nu au probleme. Sunt grozave pentru că partenerii au grijă unul de celălalt și mențin relația funcțională.
— Autor necunoscut

Este evident că relațiile cu ceilalți au un impact enorm asupra stării noastre mentale și asupra modului în care ne creștem copiii. Când ne simțim sprijiniți, totul e mai ușor. O oră, două petrecute în compania unui prieten sau a unei rude înțelegătoare ne poate face ziua mai bună. Ne binedispune și ne mai ia din greutate. Împărtășirea grijilor și gândurilor cu un partener face mai lesne de dus rolul de părinte. Așa cum spune expresia, „o problemă împărtășită e o problemă înjumătățită“. La fel cum o conversație lungă cu un prieten de departe, sau uneori chiar și cu un străin care-ți seamănă, pe internet, poate să-ți îmbunătățească starea și, automat, și relația cu copiii. E în firea noastră să ne dorim să comunicăm. Suntem o specie socială, fiind meniți să ne creștem copiii cu sprijinul celorlalți. Când acest sprijin e prezent și potrivit, progresăm, ca părinți și indivizi. Când nu e, cum li se întâmplă multor părinți din ziua de azi, devine, inevitabil, greu, iar starea de calm se risipește.

Atunci când interacționăm tensionat cu alți adulți (partenerii de viață, foștii parteneri, părinții noștri, rude sau amici, chiar străini de pe internet), tindem să aducem acea tensiune și în relația cu copiii noștri. Indiferent de sursă, interacțiunile negative cu ceilalți au același impact asupra noastră: ne amenință starea de calm și, prin urmare, relațiile și interacțiunile cu copiii noștri.

Însă nu numai relațiile dificile sunt problematice. Uneori, simpla absență a unor legături apropiate și de sprijin cu alți adulți ne poate face să ne simțim goliți, resentimentari, singuri și triști. Din nou, aceste emoții dificile se răsfrâng, de obicei, asupra relațiilor cu copiii noștri. Pur și simplu nu suntem meniți să ne creștem copiii singuri sau aflați în conflict cu alții, deși realitatea tristă e că mulți dintre noi tocmai asta încercăm să facem.

Importanța unui trib

Suntem meniți să ne creștem copiii înconjurați de dragostea, cunoștințele și prezența fizică și emoțională a celorlalți, atât contemporani, cât și mai bătrâni și mai înțelepți decât noi. Când scriu despre rolul de părinte ca parte a unui trib, mereu mă gândesc la felul în care elefanții își cresc puii: aceștia sunt îngrijiți de turmă. Dacă mama nu-și poate ajuta puiul, mătușile, surorile mai mari și bunicile intervin, adeseori oferindu-se chiar să-l alăpteze. Dacă un pui e în pericol, de obicei toată turma îi sare în ajutor. Turmele sunt conduse de o matriarhă – o femelă mai în vârstă, înțeleaptă, care supraveghează cu fermitate legăturile apropiate și afectuoase ale membrilor mai tineri ai turmei. Fiecare contribuie în felul său și își îndeplinește rolul de a-i sprijini pe ceilalți, primind la rându-i sprijin necondiționat. Ar fi minunat să putem lua exemplu de la rețeaua socială a elefanților, dar din păcate trăim într-o cultură deconectată, patriarhală și concentrată pe individ, nu pe grup.

Studiile au arătat că o rețea socială de sprijin îi ajută pe părinți să mențină o relație mai apropiată și mai plină de afecțiune cu copiii lor, o nevoie resimțită mai acut – și deloc surprinzător – de către mame decât de tați.[1] Terese Glatz, profesor-asociat de psihologie, este de părere că:

> O rețea socială de sprijin s-a dovedit a fi de folos mamelor. Poate consta în ajutor de natură practică (de exemplu, stat cu copilul) sau sprijin emoțional (să le asculte cineva când le e greu). Pe mamele care simt că nu au nici un control asupra vieții lor, sprijinul social le poate ajuta să construiască o relație mai bună cu copiii.

Evident, nu înseamnă că tații n-au nevoie de sprijin. Bineînțeles că au. Înseamnă doar că ar trebui să fim atenți îndeosebi la importanța rețelelor de sprijin pentru mame, mai ales pentru cele care tocmai au născut.

Alte studii au luat în considerare impactul substanțial pe care-l are sprijinul familiei pentru bunăstarea emoțională și fizică nu doar în primii ani în care ești părinte, ci pe parcursul întregii vieți.[2] Ce faci însă dacă nu ai un trib? Din păcate, în societatea de azi lipsa unui trib sau a unui sat metaforic e norma, și nu excepția de la regulă. Pandemia de Covid-19 ne-a arătat tuturor cât de importantă e conexiunea umană și ne-a ajutat să prețuim contactul fizic și emoțional cu ceilalți mai mult decât o făceam înainte. Trăim însă într-o cultură a singurătății: în mod paradoxal, cu cât lumea se conectează mai mult digital, cu atât ne simțim mai îndepărtați unii de alții. Trebuie să ne însușim lecțiile din pandemie despre nevoia de conexiune umană și să ajutăm la reclădirea comunității căreia îi ducem dorul.

Recunoașterea nevoii de conectare e mereu primul pas. Al doilea trebuie să fie acțiunea concretă în această direcție. Altfel spus, nu e suficient să așteptăm pur și simplu să ni se ivească un trib în cale. Riscăm să așteptăm toată viața. Dacă nu avem un trib, dar îi simțim lipsa, soluția e să creăm chiar noi unul. Deseori, înseamnă să ne depășim limitele, într-o perioadă în care deja ne bântuie disperarea și nesiguranța. Trebuie totuși să stabilim conexiuni noi și să ne închegăm propriul sat. Nimeni altcineva n-o s-o facă în locul nostru.

Ce spun părinții

Am vorbit cu mai mulți părinți despre prieteniile lor cu alți adulți, despre sprijinul pe care l-au primit de la ceilalți și modul în care le-a afectat relația cu copiii lor. Iată ce mi-au spus:

> Mi-e greu când văd familii care primesc ajutor din plin din partea rudelor. Părinții mei sunt la distanță de patru ore, iar socrii, la șase ore. Să văd bunici care-și iau copiii de la școală mă frustrează,

deoarece îmi dau seama că facem totul singuri, fără a avea pe nimeni de bază prin preajmă.

Sunt destul de extrovertită și îmi place să mă văd cu prietenii, ca să-mi încarc bateriile. Pot să petrec o zi acasă, cu copiii, dar dacă trec mai multe zile în care doar îmi văd soțul pe fugă, seara, și nu am decât un bebeluș și un copil cu care să vorbesc, atunci starea mi se înrăutățește ușor, și mi-e greu să am de-a face cu crizele altcuiva.

Nu avem satul de care fiecare părinte are nevoie, ceea ce îngreunează situația.

E greu când crești copii doar într-o familie nucleară, fără sprijin. Timpul petrecut împreună poate să devină foarte ușor o povară, în loc să fie prețuit.

Cum îți faci prieteni ca adult?

Îți amintești când aveai patru ani și era ușor să te împrietenești cu alți copii necunoscuți? Puteai să te duci pur și simplu la un copil în parc, pe bancă sau pe terenul de joacă al grădiniței, să vorbești despre dinozauri, prințesa Disney preferată sau supereroii Marvel. În nici 20 de minute, aveai un nou prieten, cel mai bun. Fără să te simți neliniștit, jenat sau să tragi de timp, cum se întâmplă în complicata lume a prieteniilor între oamenii mari. N-ar fi minunat să fie și acum la fel de simplu să legăm prietenii? Prieteniile între adulți nu sunt cu nimic diferite, doar noi încărcăm procesul cu grijile noastre de oameni mari. Putem învăța multe din felul în care se înfiripă prieteniile în copilărie.

Deseori, m-am gândit c-ar fi o idee grozavă dacă ar exista site-uri speciale unde adulții să-și poată face prieteni. Ca un site de matrimoniale, dar mai puțin superficial. În absența acestui tip de serviciu, ne rămân tehnicile de modă de veche de găsire a prietenilor. Aș recomanda totuși câteva tehnici utilizate de serviciile matrimoniale, precum:

- Gândește-te ce fel de persoană ai vrea să ai ca prieten. Intervalul de vârstă, vârsta copiilor lui, zona.
- Fă o listă cu hobby-uri și interese pe care ai vrea să le împărtășești cu un prieten nou.

- Notează activitățile sociale la care vrei să participi cu un nou prieten. De exemplu, vrei să ieși la o cafea ziua, sau la petreceri, seara?

Apoi, gândește-te unde e mai probabil să găsești astfel de oameni. E posibil să meargă la un club anume, o sală de sport sau un curs educativ pentru adulți? Sunt părinți cu care vorbești deja la poarta școlii și care par să aibă interese similare cu ale tale? Sau poate găsești în grupurile de discuții de pe internet ori de pe rețelele de socializare?

După ce ai găsit un potențial nou prieten, următorul pas e să fii curajos și să-l inviți în oraș. Nu la o întâlnire romantică, ci la o întâlnire în parc, la o cafea după cursuri, un pahar după serviciu sau o plimbare în weekend. Cred că aceasta e cea mai grea parte, pentru că suntem deopotrivă anxioși și îngrijorați că vom fi refuzați. Însă dacă nu faci prima mișcare și aștepți ca alții să-ți întindă primii mâna prieteniei, s-ar putea să aștepți o viață întreagă. Poate ai întâlnit deja pe cineva cu care crezi că ai vrea să fii prieten, dar poate persoana respectivă e la fel de emoționată ca și tine și așteaptă să faci primul pas. Care e cel mai rău lucru ce se poate întâmpla dacă te refuză? Potențiala jenă pe termen scurt și lovitura în stima de sine cântăresc oare mai mult decât o viitoare prietenie, care poate o să-ți marcheze viața și, ca urmare, și relația cu copilul?

Dar dacă tribul te face să te simți mai rău?

Bineînțeles, în acest capitol am făcut o mare presupunere până acum, și anume că prieteniile și triburile sociale sunt mereu pozitive. Dar, uneori, ne trezim în grupuri care ne fac să ne simțim mai singuri decât dacă n-am avea prieteni deloc. Unele prietenii pot fi incredibil de obositoare, altele ne ridică întrebări despre noi și alegerile/deciziile noastre ca părinți mult mai mult decât am vrea, iar în altele avem senzația că doar oferim, dar primim foarte puțin în schimb. E în regulă să le întorci spatele dacă nu te fac să te simți foarte bine. Să o iei de la început e mult mai de preferat decât să ai un trib care te face să te simți mai rău. Dacă nu te simți în largul tău cu actualele prietenii, pune-ți următoarele întrebări:

- Primești susținere în această prietenie pe măsura eforturilor tale?
- Prietenia respectivă îți mai este de folos?
- Găsești sprijin pentru modul în care îți crești copilul sau iei decizii?
- Mai aveți lucruri în comun?
- Te simți mai bine pentru că petreci timp cu persoana asta?

Dacă răspunsul e „nu“ la una dintre întrebările de mai sus, poate a venit vremea să lași acea prietenie în urmă. Poate la un moment dat ai fost bun prieten cu persoana respectivă, menținând legăturile de dragul trecutului. Dar oamenii se schimbă, și e în regulă să mergi mai departe. Uneori, ne facem prieteni pe viață, alteori, ne facem prieteni pentru un anotimp. Dacă simți că te încadrezi în a doua categorie, poate e timpul să recunoști toată bucuria adusă de acea prietenie, dar să-ți dai seama că a sosit vremea să renunți la ea – cu speranța că vei găsi pe cineva potrivit pentru momentul actual, nu pe viață.

Ce-i de făcut dacă nu ești pe placul unora? Despre blestemul de a vrea să-i mulțumești pe toți

Mi-am petrecut cea mai mare parte din adolescență și tinerețe făcându-mi griji că lumea nu mă place. Ca urmare a nevrozelor mele, când aveam treizeci și ceva de ani, am început să caut să-i mulțumesc pe toți cei din jur: mă ofeream cea dintâi să-i ajut, fie în viața reală, fie pe internet. Cumva, asociam stima de sine cu părerea oamenilor despre mine și credeam că vor ajunge să mă placă dacă îi fac fericiți. Acum, după ce am împlinit 40 de ani, știu că, orice ai spune sau face, mereu vor fi oameni care să nu te placă, și e în regulă să fie așa. Unii nu te vor agrea pur și simplu pentru că *au impresia* că te cunosc, și e în regulă să fie așa. Nu e nevoie să le corectăm celorlalți impresiile despre noi, la fel cum nu e nevoie să fim pe placul tuturor, indiferent cât de mult ne-am repeta contrariul.

Și tu sari în ajutorul tuturor, fără să-i refuzi vreodată, oricât de aglomerat ți-ar fi deja programul? Nu înseamnă decât că le faci pe plac tuturor, mai puțin ție, ceea ce duce la o stare nesfârșită de epuizare și suprasolicitare. Iar cauza e de găsit frecvent în perioada copilăriei, când ne străduiam să le facem pe plac părinților. Sau, mai corect spus, le făceam pe plac pentru că primeam iubire și atenție de la ei doar când făceam ceva „bun" – ceea ce înseamnă că acum stima noastră de sine e asociată cu ideea că trebuie să câștigăm afecțiunea celorlalți. Unii am fost crescuți cu multe laude, iar acum ne simțim validați pentru ce facem, așa că încercăm să-i mulțumim pe toți. Reacția principală la stres este „supunerea" – după cum văzut *supra*, secțiunea „Reacțiile de fugă, luptă, supunere și blocajul (sau non-reacția)", p. 31 – ca mod de a face față situațiilor neplăcute și complicate.

Ca să ne eliberăm de acest obicei, e necesar în primul rând să ne dăm seama că avem tendința de a le face pe plac oamenilor și să înțelegem motivul din spatele acestui comportament. Nu dăm dovadă de egoism dacă spunem „nu", mai ales când trecem printr-o perioadă mai grea. La fel, dacă suntem tot timpul săritori și-i ajutăm pe ceilalți nu înseamnă că oamenii vor avea neapărat o părere mai bună despre noi. Dacă cineva ți-e prieten doar pentru că faci mereu câte ceva pentru el înseamnă că nu ți-e prieten cu-adevărat. Un prieten adevărat înțelege când trebuie să spui „nu". Sigur că e frumos să-i ajuți pe alții, spun doar că o prietenie adevărată n-ar trebui să se bazeze pe ce oferi sau faci. Ajutorul dat altora ne face și pe noi mai fericiți, nu doar pentru că emanăm hormonul fericirii în acele momente, ci și pentru că altruismul ne ajută să ne simțim recunoscători pentru ce avem. Însă e o mare diferență între a-i ajuta pe alții când putem și a le face pe plac sacrificându-ne în schimb propriile nevoi.

Dacă ți-e mai bine singur?

Până acum, în acest capitol m-am concentrat pe importanța prietenilor și a tribului în îndeplinirea rolului de părinte. Există însă și oameni care sunt cu adevărat mai fericiți singuri. Dacă așa stau lucrurile și pentru tine, să nu crezi că aș vedea-o ca pe o deficiență. Ideea e că, pentru cei care au nevoie de un trib, lipsa acestuia poate fi foarte dăunătoare, dar pentru alții, cărora le e mai bine pe cont propriu sau cu doar un prieten apropiat, solitudinea poate fi benefică. Dacă ești mai fericit singur, acceptă-te așa cum ești în loc să te întrebi dacă-i ceva în neregulă cu tine. Caracterul introvertit nu e un defect, nici nevoia de a petrece timp singur – secretul e să știi ce-ți priește și să te bucuri în consecință.

Cum arată o relație pozitivă?

Mulți adulți trec de la o relație dificilă la alta. Deseori, acest ciclu își are originea în copilărie, așa cum am discutat în capitolul 1. Dacă nu am avut o relație pozitivă cu părinții când eram mici, atunci, în lipsa unui model de urmat, s-ar putea să ne trezim în relații și prietenii care nu ne ajută ca adulți. Deci cum ar trebui să arate o relație pozitivă, fie ea părinte–copil, romantică sau platonică?

- Ambele părți ar trebui să se simtă susținute în mod egal.
- Ambele părți ar trebui să se simtă auzite și prețuite în mod egal.
- Ambele părți ar trebui să fie sincere, mizând pe comunicarea deschisă.
- Ambele părți ar trebui să aibă încredere una în cealaltă.
- Ar trebui să existe un echilibru de putere, în care nici o parte nu exercită mai mult control decât cealaltă.
- Fiecare ar trebui să respecte independența celuilalt, permițându-i și încurajându-l să aibă relații pozitive cu alții.
- Deciziile ar trebui să fie luate prin colaborare, ținând cont de sentimentele ambelor părți în mod egal, și fără frică de răzbunare sau represalii.

- Ambele părți ar trebui să aibă activități pe care le împart, dar în același timp ar trebui să-și mențină identitățile individuale.
- Ambele părți ar trebui să aibă limite respectate de comun acord.

În plus, următoarele aspecte nu au loc într-o relație pozitivă:

- **Codependența**: e diferită de dependență, care se întâmplă când doi oameni se bazează unul pe celălalt pentru sprijin comun și relația e benefică ambelor părți. Codependența se bazează pe un dezechilibru al sprijinului, în care o parte se sacrifică mereu pentru cealaltă și se simte bine doar când e nevoie de ea, iar cealaltă parte, cunoscută drept catalizator, se simte bine întrucât celălalt îi îndeplinește nevoile.
- **Controlul dezechilibrat**: o parte controlează toate deciziile care se iau sau cealaltă parte e speriată să ia decizii, de teama represaliilor. Poate fi vorba de orice, de la controlul asupra finanțelor la restricționarea activităților sociale.
- **Abuzul fizic sau emoțional**: poate să varieze, de la lovituri la jigniri, umilire, control sau manipulare. Abuzatorul încearcă să-i inducă celuilalt că totul e din vina sa, că problema e la el, când, de fapt, abuzatorul e cel responsabil. Această abordare e deseori însoțită de lipsa onestității și a respectului.

Dacă te regăsești în situațiile de mai sus, apelează la contactele, articolele și organizațiile de sprijin din secțiunea „Resurse", *infra*, p. 213. De asemenea, la finalul acestui capitol vei găsi sfaturi care să te ajute să-ți îmbunătățești relațiile cu ceilalți adulți din viața ta.

Ce spun părinții

Am vorbit cu câțiva părinți despre relațiile lor și despre felul în care, adeseori, acestea trezesc sentimente și comportamente dificile. Iată mai jos impresiile lor:

Îmi dau seama că mi se risipește tot calmul când sunt supărată pe partenerul meu. În acele momente, purtarea fetiței mele, în vârstă de patru ani, poate să-mi declanșeze o reacție deloc calmă, deloc corectă și, adesea, complet disproporționată: ajung să-mi vărs toate frustrările asupra ei. Mă simt atât de vinovată deoarece știu că așa reacționez, dar mi-e tare greu să mă controlez.

...Sunt epuizată după ce am stat trează cu bebelușul toată noaptea, dar peste zi soțul meu e cel care cască încontinuu, și-mi spune c-ar vrea să tragă un pui de somn. Asta deși a dormit toată noaptea, dar a ales să stea până târziu ca să se uite la televizor. Nu-i pasă cât de obosită sunt. Când îl văd cum cască, mă scoate din sărite.

Mă deranjează când lumea comentează despre felul în care ne purtăm eu și copiii. Mai ales mama, când spune ceva de genul: „Știu că asta-i dorința ta, dar..."

Mă supără partenerul meu când contrazice stilul meu blând de parenting amenințând copilul: „Dacă nu faci curat, o să-ți iau jucăriile". Și asta după ce am stabilit deja că nu folosim asemenea abordări negative.

Mi-e greu să rămân calm când jumătatea mea nu mă susține așa cum ar putea s-o facă, ba câteodată chiar mă contrazice. Ca atunci când face planuri și le pune în practică fără să se consulte cu mine.

Mă stresează rudele care privesc sau comentează felul în care-mi cresc copiii, și încerc să nu transfer asta și în interacțiunea cu cei mici. Cel mai greu mi se pare cu mama, care e foarte critică, însă ea a fost... este o mamă groaznică.

Când rudele și prietenii te fac să te simți prost pentru felul în care-ți crești copiii

O temă comună, ce apare frecvent în întrebările părinților cu relații problematice, privește sfaturile nesolicitate sau inoportune legate de creșterea copiilor. Venind deseori dinspre generații mai în vârstă, sfaturile de acest gen îți pot submina instinctul și convingerile, făcându-te să te îndoiești de tine însuți. E o anxietate ce poate induce nemulțumire în raport cu rolul de părinte și afecta capacitatea de a rămâne calm în fața copilului. Așadar, cum putem răspunde la sfaturile nedorite, dar atât de des întâlnite?

Încearcă să vezi motivația din spatele sfaturilor nesolicitate

Majoritatea observațiilor pe care noi le considerăm a fi critice pot intra, de fapt, în categoria îngrijorărilor bine intenționate. Mai ales dacă vin de la apropiați, de exemplu membri ai familiei. Poate își fac griji că arăți obosit sau sunt sincer preocupați de bunăstarea copilului tău, iar departe de a dori să te „atace", comentariile lor urmăresc binele tău și al lui (sau ce cred ei că înseamnă bine). Nu o fac însă cu prea mare tact, și atunci observațiile pot trece lesne drept atac împotriva ta. Eu sunt însă de părere că mare parte din critici sunt doar îngrijorări prost verbalizate. Bineînțeles, lucrurile nu stau mereu așa, iar uneori oamenii sunt pur și simplu negativi și băgăcioși, dar mi se pare util să încerci să le găsești motivația.

Înțelege că ei vorbesc din cunoștințele și experiențele proprii

Când am născut primul copil, metodele de disciplinare la modă erau înțărcarea înainte de vreme, lăsatul copilului să plângă până adoarme și pedepsele. Erau promovate de toate cărțile despre nou-născuți, de asistente și infirmiere, de publicațiile oficiale despre sănătate și de experții de la televizor. Lucrurile s-au schimbat mult în ultimele două decenii, deci ne putem imagina cât de diferit stăteau lucrurile acum 30 sau 40 de ani! Eu, personal, am ținut pasul cu studiile și recomandările actuale pentru că asta e treaba mea. Dacă n-ar fi fost, n-aș fi avut nici un motiv să vreau să aflu cât de mult s-a schimbat situația și, cel mai probabil, aș fi crezut că se aplică aceleași recomandări. Oamenii vin cu sfaturi și critici pe baza a ceea ce cunosc și cred ei că e adevărat. La fel, critică și fac sugestii pe baza propriilor experiențe, de pe vremea când erau ei copii sau (uneori) când au crescut un copil. Iar asta presupune multă disonanță cognitivă (te convingi subconștient că un lucru nu e adevărat, ca formă de autoprotecție), pentru că dacă ar accepta sfaturi noi, în pas cu vremurile, ar însemna să recunoască stilul potențial dăunător în care au fost crescuți sau și-au crescut copiii. În schimb, vor alege să evite trăirile puternice declanșate și vor ataca noile informații – uneori conștient, alteori subconștient. Într-un fel, modul tău diferit de a face lucrurile e posibil să fie privit ca un atac împotriva propriului lor trecut sau stil de a face lucrurile. Prin urmare, criticile lor sunt un mecanism de apărare. Practic, obiecțiile lor nu spun nimic despre tine, dar spun totul despre ei.

Pune întrebări și vorbește despre emoții

Dacă vrei să răspunzi la sfaturi sau critici, cel mai important, după părerea mea, e să fii reținut și să nu cauți dovezi sau probe împotriva lor. Văd atâtea postări pe rețelele de socializare în care oamenii cer recomandări de studii sau cărți tocmai în ideea aceasta. Dar e complet ineficient să le oferi dovezi sfătuitorilor, și asta pentru că de regulă le e imposibil să depășească bariera disonanței cognitive. Foarte puțin probabil că vor ajunge să citească studiul sau cartea respectivă, iar dacă prin vreo minune vor citi, vor alege să facă abstracție de ele.

Și atunci, ce funcționează mai bine decât dovezile clare? Două lucruri: dacă încerci să afli „de ce?“ gândesc ei așa și dacă apelezi la emoțiile lor. Tura următoare când o persoană îți va spune despre copilul tău că trebuie, de exemplu, să doarmă în camera lui, întreab-o de ce – și continuă seria de întrebări. „Pentru că trebuie să fie independent.“ „De ce?“ „Pentru că altfel n-o să învețe să fie singur.“ „De ce?“ La un moment dat, va ajunge într-o fundătură și nu va mai putea să răspundă. Sau poate mai e o mică șansă să-și dea seama că toate criticile nu au substanță și că opiniile/obișnuințele sale nu sunt corecte (dar nu-ți pune mari speranțe!). Cealaltă tactică e să apelezi la emoțiile interlocutorului. În acest punct, îmi place să-l rog să se pună în locul copilului sau să-și imagineze cum se simțea ori de ce avea el nevoie când era copil. „Cum crezi că se simte când e lăsată să plângă în leagăn?" sau „Îți amintești când aveai nevoie de părinții tăi, dar nu erau lângă tine?". Din experiența mea, aceste două abordări au mai mult succes decât dovezile specialiștilor.

Zâmbește și mulțumește-le

Mai pe scurt spus: „Ignoră-i!" Dar lasă-le impresia că i-ai auzit. În loc să spui „Te rog să-ți ții părerile pentru tine!" sau „Nu, nu procedez așa", spune: „Mulțumesc pentru sfat. O să țin cont de el" sau „Bine, clar o să mă gândesc la asta". Sunt răspunsuri care-i reduc pe oameni la tăcere mult mai repede. Sigur, n-ai făcut nimic ca să le schimbi părerea, dar cred că uneori, pentru sănătatea noastră mintală, cel mai bine e să zâmbim, să încuviințăm și să mergem mai departe. Nu suntem aici să avem grijă de toată lumea, ci doar de copiii noștri. E în regulă ca oamenii să aibă idei diferite de ale noastre.

Reamintește-ți de ce ai ales să te comporți într-un anumit fel

Aceste ultime două puncte vorbesc de fapt despre modul în care ne păstrăm încrederea intactă, deoarece criticile și sfaturile nedorite pot s-o erodeze. Dacă ai fost ținta unor critici numeroase sau îndelungate, poți ajunge rapid să te îndoiești de tine. Ia o pauză și reamintește-ți de ce ai ales calea aceasta, recitește cărți și articole, uită-te la un clip, ascultă un podcast. Revezi sursele care te-au convins în privința asta. Dacă sursa se află în intuiția sau inima ta, atunci încearcă să te rupi de tot ce înseamnă rolul de părinte și ieși la o plimbare lungă, uită-te la un film, citește o carte (nu de parenting), meditează și fă orice îți face plăcere să faci, ca să te eliberezi de atitudinea toxică a celorlalți.

Caută sprijinul unor părinți cu aceleași concepții

E greu să crești un copil într-un stil contrar celor uzuale. Timpul petrecut alături de oameni care fac lucrurile altfel decât tine e dificil, mai ales dacă te critică. Cea mai bună soluție pe care am găsit-o în acest sens e să te înconjori de oameni care gândesc la fel. Oameni care sunt de acord cu tine. Postează pe internet despre experiența ta, într-un grup care se potrivește cu stilul tău de parenting (v. secțiunea „Resurse“, p. 213, pentru recomandări). Răspunsurile care îți aprobă stilul și-ți spun să ignori criticile te pot valida incredibil de mult. Astfel ajungem din nou la ideea de a-ți crea un trib.

Ar trebui să pui punct relațiilor toxice?

Dacă relația cu un anumit membru al familiei sau un prieten e foarte stresantă, uneori singura soluție e să pui punct toxicității încheind relația, de dragul tău și al copiilor, de dragul liniștii tale și al stilului tău de parenting. Dacă nu e posibil să termini relația (mă refer în speță la părinții toxici sau narcisiști, de care nu ai cum să te rupi, dintr-un motiv sau altul), s-ar putea să te ajute o tehnică numită „blocare“. Scopul: eliminarea criticilor și a toxicității din secunda unu. Pe scurt, le comunici interlocutorilor pe loc că problema nu-i deschisă dezbaterii sau discuției, răspunzându-le concis – doar „da“ sau „nu“, de exemplu – sau schimbând imediat subiectul.

Notă: e important de înțeles că blocarea afectează puternic relațiile, fiind percepută deseori ca o formă de abuz sau control. Nu e o soluție pentru problemele din relațiile romantice, pe care mai degrabă le amplifică. Intenția conștientă de a bloca pe cineva e folosită ca mecanism de protecție într-o relație deja toxică, ce nu poate fi evitată și salvată, după ce au eșuat toate celelalte tehnici și abordări de a îmbunătăți lucrurile.

Ce faci dacă ai un stil de parenting diferit de al partenerului (sau fostului partener)?

La modul ideal, toți adulții vorbesc cu partenerii lor despre stilul de parenting preferat înainte să aibă copii. La fel ca în planificarea nașterii și în alegerea produselor pentru copii, cred că discutarea opiniilor legate de parenting e vitală înainte de venirea pe lume a primului bebeluș. Prea multe cupluri își dau seama că au perspective opuse când vine vorba de creșterea copilului abia după câteva luni sau chiar ani. Pe lângă trasarea unui plan de naștere, viitorii părinți ar trebui să facă și un plan despre creșterea copilului, gândindu-se la scenarii des întâlnite și diverse reacții posibile. Mă bucur de fiecare dată când cuplurile care așteaptă un copil participă la discuțiile sau workshopurile despre educația cu blândețe.

Dar ce faci dacă diferențele de stil ies la suprafață mai târziu? Studiile au arătat că aceste diferențe pot să pună presiune pe o relație care se află deja sub mult stres, în tranziția spre rolul de părinți.[3]

Mai întâi, trebuie să iei în considerare sentimentele partenerului și să încerci să-i înțelegi punctul de vedere. Deseori, când cineva a fost crescut într-un anumit mod (și spune „Nu mi-a stricat niciodată“), poate să pară o insultă la adresa socrilor dacă celălalt partener spune că vrea să facă lucrurile diferit. Înțelegerea acestui lucru e un prim pas important. Apoi, întreabă-ți partenerul (fără să-l judeci) de ce simte ce simte și cum s-ar purta în anumite situații. De asemenea, întreabă-l dacă știe de studii care să susțină acele concepții.

După ce ți-ai ascultat partenerul cu atenție, explică-i cum te simți, de ce te simți așa și fă un rezumat al studiilor pe care te bazezi (deși, ține minte, așa cum am mai menționat, e de obicei cel mai puțin eficient mod de a încerca să convingi pe cineva să-și crească diferit copilul). Vezi ce-i place. Preferă să citească bloguri, articole din reviste sau cărți, ori poate preferă clipurile video sau podcasturile? Poate s-ar descurca mai bine cu învățatul față-n față, de exemplu în workshopuri.

Ai grijă cum îți formulezi ideile. Nu folosi un limbaj acuzator, precum „Ești foarte aspru când țipi“ sau „Chiar ai speriat-o când ai făcut asta“. În schimb, descrie-ți stările și clarifică-ți emoțiile: „Îmi face rău când țipi la ea“, de exemplu.

Următorul pas e să accepți mici compromisuri, nu să te aștepți ca totul să fie dintr-odată diferit. Poate partenerul va fi de acord să-și schimbe puțin limbajul și să renunțe la anumiți termeni (de exemplu, „copil obraznic“) pentru o săptămână sau două. E un început destul de bun. Nu încerca prea mult prea curând. Următoarea decizie ar putea fi să încerce să renunțe la amenințarea cu pedepse și să aibă, în schimb, o atitudine înțelegătoare. Ce-i frumos în educația cu blândețe e că rezultatele sunt destul de evidente. Poate se văd mai greu (uneori, frustrant de greu), dar va veni un moment de revelație, când partenerul va zice: „Ce chestie! Chiar a funcționat“.

Rezolvă câte o problemă pe rând și menține discuția deschisă (fără să acuzi și fără să judeci). De asemenea, v-ar putea prinde bine să cunoașteți oameni cu același stil de disciplină ca al tău, în special dacă au același sex ca partenerul tău. E foarte important să ai un model demn de urmat, și multora ne lipsește asta când vine vorba de creșterea copiilor.

Ce faci dacă nu ai sprijinul familiei?

Până acum, acest capitol s-a concentrat pe relațiile dificile cu membrii familiei, dar ce faci dacă nu ai deloc sprijinul lor? Subiectul acesta mi-e foarte cunoscut. Așa cum am menționat mai devreme, sunt copil singur la părinți, mama a murit când aveam 21 de ani, iar tata, trei ani mai târziu, cu exact nouă luni înainte de nașterea primului meu copil, așa că ne-am trezit cu totul singuri. Părinți în devenire, am rămas noi înșine orfani. Evident, nu știu cum e să-ți crești copiii având relații dificile și toxice cu propriii părinți sau cu surorile și frații, dar știu cum e să fii cu totul singur, fără sprijin, complet pierdut. Au fost nenumărate momente când eram foarte geloasă, pentru că vedeam o mamă cu bebelușul și mama ei sau un bunic luându-și nepotul de la școală. Copiii mei n-au știut niciodată cum e să fie iubiți de altcineva decât de tatăl lor și de mine, iar eu n-am știut niciodată cum e să fiu părinte și, totodată, copilul cuiva.

Într-o astfel de situație, sigur că am un gust amar. O lipsă pe care am descoperit-o în mine prea des, în primii ani ca părinte. Acum știu că dacă te afunzi în întunericul profund al lui „ce-ar fi fost dacă...?" și „de ce eu?" nu ajută pe nimeni. Mă înfurie, mă întristează și mă preschimbă în orice, numai într-un părinte calm nu. Singurul aspect oarecum pozitiv al faptului de a nu mai avea părinți, după ce am devenit mamă, e să mă întreb dacă nu cumva mi-e mai simplu să nu știu cum e ca părinții mei să nu fie de acord cu alegerile mele. N-o să știu niciodată dacă sunt mândri de mine ca părinte, dar nici n-o să mă simt dezamăgită de ei. Mă consolez cu ideea că relațiile noastre s-au terminat într-o notă bună.

După 20 de ani în care am fost o mamă fără mamă (și tată), am învățat că singurul mod de a merge mai departe e să-mi accept cu recunoștință trecutul și cu speranță viitorul, cu gândul că poate voi reuși să-mi sprijin copiii într-un mod pe care eu, personal, nu l-am trăit. De asemenea, privind retrospectiv, sunt conștientă că în primii ani mi-ar fi prins probabil bine ajutorul profesionist și consilierea. Tocmai de aceea am inclus informații despre diverse organizații de sprijin și lucrări folositoare în secțiunea „Resurse", p. 213.

Soluții pentru a-ți îmbunătăți relațiile

Voi încheia acest capitol cu câteva sfaturi practice care să te ajute să-ți îmbunătățești relațiile cu cei din jur. Vei deveni astfel și un părinte mai calm pentru copiii tăi.

Comunică, comunică, comunică

Regula de aur pentru relațiile înfloritoare e comunicarea. Trebuie să învățăm să comunicăm mai bine unii cu alții, ceea ce presupune în egală măsură să asculți și să vorbești. Multe probleme în relații încep atunci când presupunem că ceilalți ne înțeleg sentimentele și motivele. De asemenea, ne enervăm când presupunem că știm ce gândesc și simt ceilalți, imaginându-ne procesul lor de gândire. Aceste presupuneri sunt, deseori, incorecte; vorba aceea: „Lumea-și dă cu presupusul, în loc să afle de la mine răspunsul“. Soluția e să vă ascultați unul pe altul și să vă deschideți inima astfel încât să vă înțelegeți reciproc. În orice relație fiecare parte e responsabilă, iar dacă vrem să înțelegem gândurile și trăirile cuiva, trebuie să învățăm să comunicăm mai eficient. Poți aplica aceste sugestii la situația ta?

Învață cum să contrazici

Relațiile constructive se leagă între oameni care împărtășesc aceeași viziune și își respectă diferențele. E în regulă să avem puncte de vedere diferite. E în regulă să avem crezuri diferite. E în neregulă să nu ne respectăm, din cauza diferențelor. Uneori, dificultățile se ivesc când vrem ca oamenii să adopte convingerile noastre sau să ne semene mai mult, însă respectarea diferențelor e cel mai bun mod de a menține orice relație fericită, nu doar relația cu partenerul de viață. La fel de important e să ne fie respectate și părerile noastre. Poți arăta mai multă considerație față de părerile partenerului sau ale cutărei rude ori prietene cu care nu prea rezonezi?

Nu trebuie să participi la fiecare ceartă ce se ivește

Când ai fost prins ultima oară în cearta dintre mama/tata și sora sau fratele tău, ori dintre doi prieteni, ori chiar între doi străini online? E foarte ușor să sari în apărarea uneia dintre părți sau să intervii și să te alături discuției, dar trebuie să ne reamintim că nu toate conflictele ne implică și pe noi. Nu trebuie să participăm la fiecare ceartă ce se ivește. Uneori, e mult mai bine să ne protejăm liniștea și să rămânem neutri. Poți încerca să aplici această sugestie data viitoare când simți că ești atras într-o discuție care nu are nimic de-a face cu tine? Poate e momentul să apeși pe butonul „blochează“ pe rețelele de socializare (un gest pe care l-am făcut foarte des în ultimul timp și datorită căruia sunt mult mai calmă).

Nu te feri de fluctuații

Ca fiecare aspect al vieții, nici relațiile nu se mișcă în linie dreaptă. Chiar și cele mai reușite prietenii, relații de familie sau romantice au suișuri și coborâșuri. Mereu vor exista momente când vă înțelegeți foarte bine și momente când totul pare apăsător. E normal să fie așa. Nu înseamnă că e ceva în neregulă cu relația ta, cu tine sau cu cealaltă persoană. E firesc să avem în viață suișuri și coborâșuri, e firesc ca relațiile să fluctueze. Nu pune la inimă zilele proaste. Ai încredere că situația se va îmbunătăți din nou după ce treceți de această perioadă. Unde te afli în momentul de față, pe linia șerpuită a cutărei sau cutărei relații? Întrevezi o îmbunătățire pe viitor?

Programează timp să vorbești (și să asculți)

Când suntem ocupați cu munca, creșterea copiilor și treburile de zi cu zi, ar putea fi foarte greu să stai și să porți o conversație profundă și sinceră cu cineva. Prea des, problemele sunt date la o parte sau îngropate, pentru că pare imposibil să găsești timp să le discuți. Necazul e că nu dispar: rămân acolo, adesea amplificându-se, nevăzute, până când devin atât de mari, încât par aproape insurmontabile. Dacă suntem atenți la probleme și griji și programăm timp să le discutăm, reușim să ne menținem relațiile cât de sănătoase se poate. Poți să-ți planifici un răgaz cu partenerul de viață, celălalt părinte al copilului tău, prietenul sau membrul familiei cu care să discuți cu calm orice te deranjează, înainte să devină o problemă mult mai mare?

Scrie o scrisoare

Uneori, poate să ni se pară greu să ne verbalizăm sentimentele și emoțiile. Încercăm, dar totul iese greșit, sau renunțăm să ne mai descărcăm sufletul pentru că momentul pare nepotrivit. Aceste sentimente neexprimate se agravează, până când explodează mai târziu, nu neapărat din cauza celeilalte persoane, ci pentru că le-am ținut în noi atât de mult. Sau, și mai rău, răbufnim asupra copiilor noștri, în mod inoportun și disproporționat. Dacă ți-e greu să-ți verbalizezi grijile, scrie o scrisoare: scriind, s-ar putea să-ți înțelegi sentimentele mai bine, prezentându-le într-un mod mai calm și controlat. Astfel, crește probabilitatea ca mesajul să fie primit bine de cealaltă parte. Își poate aloca timp să citească în cel mai potrivit moment și să se gândească la răspunsul său, în loc să reacționeze sub impulsul momentului. Poate după ce scrii scrisoarea, te decizi să n-o trimiți, apoi o distrugi, dar simplul fapt că ai exprimat totul și ai notat pe hârtie este o formă de eliberare. Scrierea unei scrisori poate că e de modă veche, într-o perioadă a mesajelor instantanee, dar poate fi o unealtă foarte utilă pentru relațiile pozitive. Simți că ți-ar prinde bine să-ți descarci sufletul într-o scrisoare?

Pe scurt

Înainte să mergem mai departe, iată câteva dintre cele mai importante idei despre relații din acest capitol:

- Relațiile pe care le avem cu alții au un impact enorm asupra stării noastre de spirit și asupra comportamentului nostru față de copii.
- Nu suntem meniți să ne creștem copiii singuri. Ca și alte mamifere, avem nevoie de un trib, de o turmă care să ne ajute și să ne susțină, mai ales când situația devine grea.
- Multora ne vine mai greu să ne facem prieteni ca adulți, dar ne-ar putea ajuta să ne reamintim prieteniile din copilărie. Deseori, fiecare parte își dorește cu disperare ca celălalt să facă prima mișcare. Fii curajos: fă tu primul pas!
- Prieteniile se schimbă; câteodată, ne dăm seama că o prietenie durează doar un anotimp, nu o viață-ntreagă. Ca să ne menținem relațiile pozitive, e important să recunoaștem diferența dintre cele două și să fim onești când o prietenie nu ne mai este de ajutor.
- Nu e de folos nimănui, cu atât mai puțin ție, să le faci pe plac oamenilor, iar problema își are rădăcinile în trecut. Ține minte că e în regulă să nu te placă toată lumea, iar

dacă prietenii te plac doar pentru ceea ce faci pentru ei înseamnă că nu-ți sunt prieteni.

- Comunicarea și empatia sunt elemente-cheie în toate relațiile. Cel mai bun mod de a merge mai departe constă în a înțelege punctul de vedere al celuilalt, fie că e vorba de părinți, partenerul de viață, fostul partener.
- E în interesul tuturor, și mai ales al copiilor tăi, să pui punct (dacă se poate) unei relații extrem de toxice.
- Toate relațiile au suișuri și coborâșuri, presupunând efort dinspre ambele părți. E normal ca o relație să fluctueze, nu e un semn că nu mai poate fi salvată, ci, mai degrabă, un semnal că e cazul să comunici mai bine.

Sper că acest capitol te-a ajutat să înțelegi ceva mai bine relațiile din viața ta și modul în care îți pot afecta relația cu copiii, precum și abilitatea de a rămâne calm. E trist, dar adevărul e că, foarte des, rădăcinile furiei noastre și ale proastei gestionări nu au de-a face cu purtarea copiilor noștri, ci cu sprijinul pe care simțim – sau nu – că-l primim. Avem nevoie de relații reușite cu ceilalți nu doar pentru a deveni părinți mai buni, ci și pentru propria noastră stare de bine și mulțumire sufletească, lucruri pe care cu toții le merităm.

CAPITOLUL 8

Găsirea echilibrului între viața profesională și cea personală: De ce nu mai trebuie să încercăm să „le avem pe toate"

Am învățat că a-ți câștiga traiul nu e același lucru cu a-ți clădi o viață. — Maya Angelou, poetă

Am citit odată pe internet următoarea frază, care mi-a rămas în minte: „Lumea se așteaptă de la părinți să lucreze ca și cum n-ar avea copii și să-și crească copiii ca și cum n-ar lucra". Această frază (autor necunoscut) rezumă tot ce simt despre muncă și creșterea copiilor în prezent. Părinții cu serviciu sunt sfâșiați în două direcții: lumea se așteaptă ca ei să muncească la fel sau poate chiar mai mult decât colegii fără copii, iar societatea se așteaptă să fie părinți perfecți, indiferent de presiunile și angajamentele de la muncă. Pur și simplu nu avem cum să câștigăm. Dacă nu muncim și ne concentrăm numai pe creșterea copiilor, suntem etichetați ca fiind leneși, mai ales dacă cerem ajutor financiar de la stat un an sau doi. Dacă muncim, suntem considerați neglijenți, deoarece se presupune că ne punem cariera mai presus de nevoile copiilor. M-am întrebat adeseori ce pondere între muncă și statul acasă ar fi considerată ideală pentru a-ți crește copiii. N-am aflat răspunsul, pentru că nu există.

Așa că, fie că lucrezi, fie că nu, oricum nu-i bine. E trist: societatea noastră nu-i sprijină pe părinți, mai ales pe cei care încearcă să jongleze cu cerințele vieții de familie și cele profesionale. Ce se întâmplă când lipsa de sprijin, de înțelegere și criticile coincid? Ne cuprinde vinovăția, ne confiscă toată viața. Ne simțim vinovați că ne concentrăm pe muncă, îngrijorați că asta i-ar putea afecta pe copii; și ne simțim vinovați când ne concentrăm pe copii, îngrijorați că asta ne-ar putea afecta cariera. Rezultatul? De cele mai multe ori, sănătatea noastră mintală are de suferit. În încercarea de a nu dezamăgi pe nimeni, avem tendința să ne punem pe noi și nevoile noastre pe ultimul loc, ceea ce duce la burnout fizic și emoțional, care știm foarte bine că ne subminează starea de calm.

Și atunci, care-ar fi soluția? Sinceră să fiu, nu știu. Și eu m-am confruntat cu aceste probleme în ultimele două decenii, de când am renunțat la o carieră promițătoare în industria farmaceutică pentru a fi mamă, și atât. Uimirea și șocul de care aveam parte când anunțam că am decis să fiu „doar o mamă care stă acasă“ timp de câțiva ani au fost foarte grăitoare. Oamenii credeau că sunt nebună. De ce aș renunța la o carieră așa promițătoare, doar ca să cresc un copil? Ce risipă! Câțiva ani mai târziu, visele mele de a fi părintele cu normă întreagă – plimbându-mă prin casă și grădină cu copiii mei perfect educați, lăsând în urmă iz de PlayDoh, coronițe de margarete și pâine făcută în casă – nu s-au îndeplinit și tânjeam să reîncep munca. Vinovăția pe care am simțit-o când am recunoscut, în cele din urmă, că, deși îi iubesc enorm de mult, statul acasă cu copiii mei nu e îndeajuns a fost imensă. Aveam nevoie să muncesc. Nu doar ca să plătesc facturile, dar pentru sănătatea mea mintală. Tânjeam după conversațiile cu adulții și căutam cu disperare să-mi folosesc creierul din nou. De asemenea, voiam să reîncep munca și ca să le ofer un exemplu copiilor mei, mai ales fiicei mele. Așa că m-am întors în lumea profesională și mi-am dat seama că, orice aș face, voi fi judecată, mă voi simți vinovată, mă voi zbate, psihic și fizic, și mă voi întreba mereu dacă am luat decizia corectă. Cumva, cred că acceptarea acestor realități a fost cel mai important lucru pe care l-am făcut. Nici o decizie nu avea să-mi aducă liniștea completă. Nici o decizie nu avea să fie simplă.

Vinovăția părinților cu serviciu

Rolul de părinte care lucrează vine la pachet cu o vinovăție deosebit de dureroasă. Sunt atâtea premiere care te vor face să te simți prost:

- prima oară când îți lași copilul la creșă, plângând, cu brațele întinse spre tine, implorându-te să nu pleci;
- prima oară când merge sau vorbește – și ratezi momentul, pentru că ești la muncă;
- prima oară când se rănește și nu ești acolo ca să-l alini;
- prima oară când ratezi o ședință la școală sau o competiție sportivă;
- prima oară când trebuie să-l lași acasă, bolnav;
- prima oară când pleacă în tabără în vacanță, în timp ce prietenii tăi se bucură de zile speciale petrecute cu familia;
- prima oară când copilul vrea să vorbească cu tine despre întâmplările de peste zi, dar tu trebuie să răspunzi la un e-mail urgent sau să iei parte la o ședință, și-i spui că încă nu ai timp să-l asculți;
- prima oară când ajungi târziu acasă de la muncă, iar copilul doarme deja în pat – și-ți dai seama că abia dacă l-ai văzut în ultimele 24 de ore;
- prima oară când pleci în delegație și nu-l pupi de noapte bună.

Iar asta nici măcar nu include vinovăția pe care o simți în ceea ce privește munca. Vinovăția că ești atât de obosit după o noapte nedormită, încât faci o greșeală prostească la serviciu. Vinovăția că ești atât de epuizat, că nu poți să te concentrezi la o întâlnire. Vinovăția pe care o simți când colegul trebuie să ducă mai mult, pentru că pur și simplu n-ai cum să lucrezi mai mult decât o faci deja. Și vinovăția de a întârzia mult mai mult decât ar trebui ca să răspunzi la un e-mail sau să contactezi un client important.

Ne simțim mereu trași în toate direcțiile, uneori atât de mult, încât avem impresia că suntem rupți în două. Părinții care lucrează pur și simplu nu pot să evite vinovăția.

Într-un sondaj recent realizat de YouGov, la care au participat 4.500 de adulți, peste o treime dintre ei și-au mărturisit teama că petrec prea mult timp la muncă, și nu destul cu copiii lor.[1] Cei mai numeroși dintre aceștia erau părinți cu copii sub un an. Vinovăția legată de rolul de părinte și de cel de angajat e mai frecventă la această vârstă decât în oricare altă perioadă.

Deloc surprinzător, vinovăția părinților care lucrează e resimțită mai mult de mame. Trăim într-o societate care încă are idei sexiste, conducându-se după regula nerostită că mamele sunt responsabile în principal pentru creșterea copiilor. Sondajul YouGov menționat mai sus a arătat că aproape o treime dintre participanți nutreau această convingere, în timp ce aproape 40% erau de părere că tații ar trebui să fie principalii responsabili să aducă banul în casă. Cercetările au arătat că în familiile heterosexuale există deseori o împărțire inegală a îndatoririlor ca părinți, chiar și când ambii parteneri au serviciu.[2] Probabilitatea ca mamele să se ocupe de responsabilitățile importante de îngrijire și să fie nevoite să-și ia liber de la muncă pentru a-și îngriji copiii bolnavi e mai mult decât dublă, comparativ cu tații. Trista realitate e că mamele nu duc numai greul îngrijirii copilului, fie că lucrează sau nu, ci au tendința și să se simtă vinovate dacă lucrează.

Cum scăpăm de vinovăție

Și atunci, ce-i de făcut cu vinovăția apăsătoare care vine la pachet cu serviciul, în cele mai multe cazuri? Mai ales când acea vinovăție poate să răbufnească sub formă de stres, frustrare și furie, toate îndreptate spre copiii tăi. Următoarele sugestii ar putea fi de ajutor:

- Recunoaște deschis că ai de dus o sarcină extrem de grea. Pur și simplu, omul nu-i făcut să crească o familie și să muncească, în paralel, cu normă întreagă. În esență, să fii părinte care lucrează e ca și cum ai avea două servicii cu normă întreagă plus multe ore de muncă suplimentare. Ziua are doar 24 de ore, e imposibil să le faci pe toate. Nu-i vina ta. E vina societății în care trăim. Pare greu pentru că *este* greu.
- Coboară nivelul așteptărilor în ceea ce te privește. Cea mai mare parte a vinovăției vine din aceea că ne stabilim

țeluri nerealiste și că nu le atingem. Altfel spus, nu putem fi părinții care am visat că vom fi, nici nu ne ridicăm la standardele pe care le-am stabilit noi înșine în carieră. Dacă acceptăm că trebuie să coborâm ștacheta puțin, atât acasă, cât și la muncă, ne-am putea simți mai bine în ambele roluri.

- Repetă-ți că nu ești singur. Poate ai câteodată impresia că ceilalți părinți cu serviciu au o viață fără griji, dar nu-i așa. Poate nu sunt sinceri cu privire la greutățile pe care le întâmpină, sau poate pur și simplu nu-și vădesc sentimentele adevărate, dar și ei se simt la fel ca tine. Apoi, ferește-te să faci comparații (așa cum am discutat în capitolul 3), o misiune dificilă mai ales pentru părinții care lucrează.
- Vezi părțile pozitive pe care le aduce în viața și familia ta statutul de părinte cu serviciu, fie că e vorba de lucrurile materiale pe care ți le permiți, recunoștința pe care o simți când ai ocazia să fii în compania copilului sau faptul că timpul petrecut cu alți adulți te ajută să fii un părinte mai bun când ești cu copilul.
- Copiii sunt rezistenți. Trebuie să înțelegi acest lucru. Nu au nevoie să stai permanent cu ei; nici nu au nevoie să fii părintele perfect. E de-ajuns să fii îndeajuns de bun. Vom discuta acest subiect în capitolul 10.

Până la urmă, nu cred că e posibil să fim absolviți de vinovăția tipică pentru părinții cu serviciu, deși simplul fapt că ne simțim vinovați e, cred, un semn bun. Arată cât de mult ne pasă – una dintre calitățile unui bun părinte (și angajat).

Nu e doar vinovăția

Ce bine-ar fi dacă lucrurile ar fi atât de simple! Să simți „doar“ vinovăție că lucrezi când ai un copil. Viața ar fi mult mai simplă dacă ar trebui să ne facem griji doar pentru gândurile care ne frământă. Dar serviciul și rolul de părinte aduc cu sine și alte griji:

- **Stresul de a-i pregăti pe toți dimineața și de a-i scoate pe ușă la timp.** Aici mă tem că nu există soluții magice, dar planificarea și pregătirea sunt de bază. Pregătește și plănuiește tot ce poți în ajun, lăsând cât mai puține de făcut în zori. În plus, oricât de mult ți-ai dori să apeși înc-o dată pe butonul de snooze, trezitul mai devreme e probabil soluția supremă ca să nu întârziați. Un copil stresat și grăbit e de regulă mult mai puțin cooperant decât unul doar ușor obosit.
- **Grijile legate de sistemul de îngrijire a copilului.** Atingem, din nou, tema rețelelor de sprijin, sau, mai precis, a lipsei lor, așa cum pomeneam în capitolul anterior. Suntem norocoși dacă avem părinți implicați și frați sau surori care pot să aibă grijă de copii, să ne ajute cu dusul la școală, să ne țină locul când suntem bolnavi etc. Fără acest trib în preajmă, rolul de părinte poate să fie extrem de greu. Aș vrea să pot avea sfaturi în acest sens, dar nu am. Nu pot decât să-mi exprim înțelegerea și empatia. Sistemul de stat în îngrijirea copiilor din societatea noastră e sub orice critică. Nu mă refer la angajații din creșe sau grădinițe, care sunt de obicei niște eroi cu salarii de mizerie. Mă refer la faptul că statul consideră îngrijirea copiilor ca fiind prea puțin importantă, subfinanțând-o în mod constant și cerând tot mai mult de la angajați. E necesar să se recunoască importanța rolului jucat de acești oameni în creșterea copiilor noștri, și asta printr-o finanțare adecvată și aranjamente de muncă mai flexibile, un aspect pe care-l vom discuta mai târziu în acest capitol.
- **Gestionarea lipsei de timp liber.** Poate că unul dintre cei mai dificili factori când ești părinte și lucrezi, mai ales cu normă întreagă, e imposibilitatea de a lua o pauză la sfârșitul zilei. Pur și simplu pleci de la un loc de muncă și te duci direct la altul. Când te bucuri de o pauză? Răspunsul trist e: niciodată. Ești mereu la datorie, mereu în gardă, ceea ce vine cu amenințarea foarte concretă a burnoutului. În următorul capitol, vom vedea cum poți să ai mai multă grijă de tine, corp și minte, ca să mai ușurezi povara puțin.

- **Stresul de a funcționa la muncă după o noapte nedormită sau cu foarte puțin somn.** Spuneam ceva mai sus că părinții cu serviciu își percep rolul ca fiind cel mai greu în primul an de viață al copilului. E perioada când uiți cum e să dormi și ești extrem de suprasolicitat fizic. Răspunsul ar fi, din nou, în mâinile guvernului. Sistemul de concedii pentru părinți trebuie îmbunătățit. La fel, firmele ar trebui să fie mai înțelegătoare și mai protectoare cu proaspeții părinți. Din păcate, am lucrat cu numeroși oameni care ajung să creadă, absolut disperați, că singura soluție e să-și dreseze copiii să doarmă și să-i înțarce prematur. Cu toate acestea, nu bebelușii sunt problema aici: ei pur și simplu dorm ca niște bebeluși. Nu ei ar trebui să se schimbe, și nici părinții, ci sistemul de guvernare și politicile firmelor.
- **Stresul de a munci pe cont propriu.** Până acum în acest capitol, m-am concentrat pe cei angajați de alții. Dar cum rămâne cu liber-profesioniștii? (Printre care mă număr și eu.) Nu avem parte de nici un pic de timp liber, pentru că, atunci când lucrezi pe cont propriu, nu poți să-ți închizi laptopul sau notificările de e-mail. Dacă ratezi o solicitare importantă sau un client? Nu te bucuri de concediu plătit. Nu ai concediu medical cu plată, nici concediu (realist) pentru creșterea copilului. Trebuie să lucrăm când suntem bolnavi (anul trecut, răspundeam la e-mailurile clientului la nici 24 de ore după o operație importantă), trebuie să lucrăm în trimestrul IV (am predat un curs la mai puțin de o săptămână după nașterea celui de-al patrulea copil) și n-avem cum să luăm pauză. Mărturisesc aceste lucruri nu dintr-o dubioasă nevoie de admirație, ci pentru că acum, când privesc în urmă, nu-mi vine să cred cât de stupid m-am purtat în ambele cazuri. Îmi place să muncesc pe cont propriu, dar uneori mă întreb dacă nu avem parte de ce e mai rău din ambele lumi. Ce câștigăm ca flexibilitate și bucuria de a fi proprii noștri șefi, pierdem prin imposibilitatea de a ne acorda timp liber și îngrijorarea că trebuie să fim permanent în priză ca să ne meargă afacerea. Pot doar să spun că se ajunge

> rapid la burnout când ești liber-profesionist. La început lucrurile merg extrem de greu, dar, dacă vrei să funcționezi în continuare și să-ți fie bine, atât profesional, cât și personal, este esențial să înveți să spui „nu" și să impui limite (să refuzi un client, când nu știi sigur dacă o să-ți poți plăti ratele sau chiria luna viitoare e, probabil, unul dintre cele mai înfricoșătoare lucruri pe care o să le faci vreodată). Pauzele autoimpuse sunt și ele importante, dacă vrei să eviți epuizarea extremă, care altfel te-ar costa, în cele din urmă, mai mult decât un client sau doi pierduți. Am învățat pe pielea mea că e mai bine să nu răspunzi la un e-mail, decât să te grăbești și să răspunzi cu orice preț.

Probabil că n-am atins toate problemele care însoțesc rolul de părinte cu serviciu, dar sper că te-am ajutat să-ți dai seama cât de fantastic e tot ce faci într-un asemenea context ostil. Măcar de un lucru *sunt* sigură, și anume că-i fantastic ce faci!

Ce spun părinții

Pe parcursul documentării pentru acest capitol, am vorbit cu o serie de părinți cu serviciu; i-am întrebat cum jonglează cu viața profesională și cea de acasă și cum le-a afectat toată această situație stilul de parenting. Iată ce mi-au răspuns:

> Mi-e greu, pentru că sunt obosită și mă frământă un milion de gânduri, de obicei legate de muncă. Atunci când mă simt stresată din cauza serviciului, îmi pierd cumpătul mult mai repede sau mă înfurii pe copii, deși sunt cuminți.

> E greu să aduc banii în casă, să lucrez cu normă întreagă încercând să construiesc o carieră de succes, iar în paralel să am și grijă de copii cum se cuvine, mă stresează enorm.

> După o zi obositoare la muncă, mă duc acasă, unde mă așteaptă un copil foarte afectuos, care stă lipit de mine, doar că eu nu mă pot relaxa, că mai trebuie să mă ocup și de cină și de gospodărie. Dar îmi doresc mult să stau cu copilul, așa că la stres se mai adaugă și vinovăția.

Mi-e greu când trebuie să am grijă de copil și n-am apucat să-mi organizez treaba la serviciu.

Sunt dificile așteptările și paradoxurile legate de rolul de mamă. De exemplu, trebuie să lucrezi, dar și să faci totul acasă. Dacă ai un loc de muncă, zice lumea că nu-ți pasă de copil. Dacă stai acasă, zice că ești leneșă, și tot așa.

Nu mă descurc cu stresul de la serviciu. Sunt profesoară, așa că, într-o zi solicitantă, încerc din răsputeri să am răbdare cu copiii cărora le predau, iar când ajung acasă, nu mai am resurse de energie pentru copiii mei.

În zilele (și mai ales nopțile) dinainte să merg la muncă, sunt foarte stresată. Știu că dau zor cu baia și ora de culcare, dar e atât de greu. Încep să fac planuri pentru serviciu și mă stresez încă de la începutul serii.

Părțile pozitive ale rolului de părinte care lucrează

Cred că e momentul să adăugăm un element pozitiv acestui capitol, nu crezi? E al naibii de greu să fii părinte care lucrează, dar poate să fie și frumos, și nu cred că vorbim destul despre beneficii. Iată câteva în cele ce urmează:

- **Munca te ajută să te regăsești, în afara rolului de părinte.** Deseori, proaspeții părinți, mai ales mamele, spun: „Simt că nu mai știu cine sunt“ sau „Simt că m-am pierdut pe mine“. Evident, te schimbi în momentul în care devii părinte, n-o să mai fii niciodată cum ai fost, ești marcat pentru totdeauna. Schimbarea nu e rea, doar adaugă mai multe straturi persoanei care erai înainte să ai copii, în schimb poate să-ți erodeze identitatea și să te facă să te întrebi cine ești și cât valorezi. Să lucrezi în afara casei (sau, mai degrabă, într-o carieră care nu are legătură cu creșterea copiilor, dacă lucrezi de acasă) poate să grăbească tranziția matrescenței și patrescenței (v. *supra*, p. 103), permițându-ți să păstrezi o idee din fosta identitate, în timp ce se produce metamorfoza ta.

- **Munca te ajută să-ți îndeplinești scopurile.** E o continuare a ideii anterioare: munca te ajută să-ți găsești un sens și un loc în lume. Scopul nostru în viață se schimbă după ce avem copii, și adeseori ajungem să ne concentrăm asupra lor. Pentru mulți oameni însă, acest lucru nu înseamnă împlinire personală, iar lipsa de scop, pasiune și ambiție în viață îi poate face mai irascibili în raport cu copiii lor. Găsirea unui nou scop e o supapă pentru presiunea pe care altfel ar suporta-o copiii tăi. Societatea îți va spune, poate, că sensul tău în viață ar trebui să fie copiii, că orice altceva e semn de egoism, dar nu-i adevărat: nu trebuie să te conformezi, iar viața ta nu trebuie să se învârtă doar în jurul lor (decât dacă îți dorești așa ceva, bineînțeles). Personal, găsesc o mare satisfacție sufletească în munca mea. Îmi aduce împlinire, și simt că părinții pe care îi consiliez îmi oferă la fel de mult pe cât le ofer și eu lor. E bine să ai un scop și în afara rolului de părinte.
- **Ai timp să te gândești și să te relaxezi în timpul navetei.** O oră, două de vis petrecute în tren, pe bicicletă sau în mașină, ascultând muzică, podcasturi, cărți audio, citind ziarul – înseamnă un răgaz minunat și atât de important pentru sufletele noastre. E grijă de sine pusă în aplicare, într-o lume care ne solicită din ce în ce mai mult. Încearcă să te bucuri de acest răgaz și nu transforma naveta într-o prelungire a zilei de muncă.
- **Petreci timp valoros cu alți adulți, ca să vorbești despre altceva decât copiii.** Niciodată să nu subestimezi impactul pe care-l are timpul petrecut cu alți adulți, vorbind despre lucruri de oameni mari, care nu au legătură cu copiii. După zile întregi în care ai avut de-a face cu Peppa Pig, Bing, Minecraft sau Fortnite, chiar și o jumătate de oră de conversație cu un adult poate fi balsam pentru suflet. Printre altele, și pentru că-ți abate gândurile, fie și temporar, de la exigențele rolului de părinte și de la vinovăția de a munci în paralel.
- **Ai parte de un atât de necesar răgaz separat de copiii tăi.** În prelungirea ideii de mai sus, sunt cea dintâi care recunoaște că e un părinte mai bun dacă petrece, în mod

regulat, perioade de timp departe de copii. Cred că mulți oameni sunt șocați când mă aud spunând asta, pentru că mereu vorbesc despre atașament și importanța conexiunii. Însă e mult mai ușor să oferim un atașament securizant copiilor noștri când răspundem propriilor nevoi și ne oferim spațiu atunci când avem nevoie. Să fii părinte poate fi, și chiar este, sufocant. Timpul petrecut departe de copiii noștri ne permite să creăm spațiul necesar care să-i conțină când suntem cu ei și ne ajută să-i apreciem mult mai mult.

Știu că sunt un părinte mai bun pentru că lucrez. Asta nu înseamnă că nu mai simt împunsături de vinovăție din când în când. E inevitabil, după părerea mea. Însă știu că nouă, tuturor membrilor familiei, ne e mai bine dacă îmi văd de profesie, și nu mă refer doar din punct de vedere material și financiar. Sunt o mamă mai bună pentru că am propriile mele pasiuni și spațiul în care să mă desfășor. Pun pariu că e valabil pentru toți părinții cu serviciu.

Ce spun părinții

Când vorbesc cu părinții despre viața lor împărțită între copii și profesie, mulți îmi spun că munca, mai ales în afara casei, îi ajută să fie mai calmi.

> Poate sună contraintuitiv, dar munca mă ajută să fiu un părinte mai calm! Faptul că am două sau trei zile pe săptămână când lucrez în afara casei și fac ceva ce-mi place înseamnă că apreciez mai mult timpul petrecut cu copiii mei și, prin urmare, am mai multă răbdare.

> Faptul că am o carieră m-a ajutat să nu-mi pierd mințile. Îmi iubesc copiii, dar îmi place și să pun în aplicare cunoștințele mele, să interacționez zilnic cu alți adulți și să-mi folosesc creierul. Mă simt împlinită și-mi încurajează stima de sine, ceea ce cred că mă face o mamă mai bună.

> Ador drumul spre serviciu! Am două ore în fiecare zi în care pot să mă relaxez, să citesc o carte sau un ziar și să ascult muzică. Acele două ore pe zi sunt vitale, deoarece mă ajută să fiu un părinte mai calm.

Munca de acasă: A făcut lucrurile mai ușoare, sau doar diferite?

Felul în care muncim s-a schimbat radical începând din primăvara anului 2020, odată cu pandemia de Covid. Peste noapte, birourile, creșele, grădinițele și școlile s-au închis, și mulți s-au trezit lucrând de acasă. Evident, nu e cazul tuturor, bravii muncitori-cheie și alții mergând în continuare la muncă, dar, pentru majoritatea, s-a produs o schimbare majoră în felul în care ne desfășurăm activitatea. Pe de o parte, ni s-a oferit mai multă flexibilitate și ocazia de a petrece mai mult timp cu copiii. Pe de altă parte, a adus o serie de noi provocări, printre care:

- lipsa unui spațiu de lucru dedicat, liniștit, în care părinții să poată lucra nestingheriți și cât de cât confortabil;
- obținerea materialelor hardware și a tehnologiei necesare pentru munca de acasă;
- lipsa unui ajutor în îngrijirea copilului, ceea ce înseamnă că părinții au trebuit să jongleze, simultan, cu serviciul cu normă întreagă și rolul de părinte cu normă întreagă;
- școala online, ceea ce înseamnă că părinții au trebuit să găsească un echilibru între muncă și predatul cu normă întreagă (deseori, și cu îngrijirea copiilor mai mici);
- lipsa contactului direct cu alți adulți.

Deși pandemia a adus numeroase obstacole inedite și foarte dificile, ne-a învățat un lucru foarte important: e posibil să-ți faci munca într-un regim flexibil. Pandemia a demonstrat mai multor organizații că părinții pot fi productivi de acasă. Trebuie doar o mai bună pregătire prealabilă; la fel, e nevoie de mai multă flexibilitate din partea companiilor, ca să nu fim nevoiți să ne îngrămădim activitatea profesională în existența și căminele noastre, așa cum s-a întâmplat. În ceea ce privește schimbarea însă, a fost un pas destul de important, iar obstacolele pot fi depășite. Să fie oare pandemia începutul unei vieți profesionale mai flexibile? Eu sper că da.

Care sunt răspunsurile (sau, mai degrabă, întrebările)?

Evenimentele recente care au avut loc în lume i-au adus pe părinții care lucrează în centrul atenției, și începem în sfârșit să punem întrebările pe care ar fi trebuit să le punem – și la care ar fi trebuit să primim răspunsuri – în urmă cu mulți ani. Deci ce întrebări ar trebui să punem, ca părinți cu serviciu, pentru a ne face viața puțin mai ușoară? Cred că următoarele sunt bune pentru început:

- **Putem avea mai multă flexibilitate?** Flexibilitatea muncii nu înseamnă doar opțiunea de a lucra de la distanță (deși și aceasta e importantă): înseamnă și posibilitatea de a lucra după un program flexibil, de a împărți sarcinile cu colegii și de a munci cu normă parțială. Mai înseamnă și să poți lucra de oriunde, nu doar de acasă sau dintr-un birou aflat într-un oraș mare. Opțiunile precum spațiile de lucru în comun și birourile prin rotație sunt un exemplu în acest sens.
- **Putem să avem un sistem de concediu parental mai bun?** Trebuie să găsim soluții astfel încât ambii părinți să poată lua o cotă individuală de concediu parental, nu să-l împartă între ei. De exemplu, dacă intră tatăl în concediu, să nu se taie din concediul corespunzător mamei. În plus, mai ales tații ar trebui încurajați să-și ia concediu, dându-li-se asigurări că astfel cariera lor nu va avea de suferit. (Studiile arată că sunt slabe șanse ca tatăl să-și ia concediu de creștere a copilului dacă i se oferă opțiunea.[3] Într-un sondaj ce a inclus aproape 2.000 de persoane, 53% dintre tați nu și-au luat nici măcar o zi concediu de paternitate.)
- **Putem să-i sprijinim mai mult la locul de muncă pe părinții care lucrează?** Ar trebui create reguli speciale pentru părinții care lucrează, acoperind aspecte precum zilele libere în cazul în care se îmbolnăvește copilul, și un mediu în care părinții să nu simtă că reprezintă o problemă pentru că au copii și o viață de familie, cu tot ce presupune ea.

- **Putem avea un sistem de îngrijire a copilului accesibil și mai bine finanțat de stat?** În lumea occidentală, îngrijirea copiilor e privită ca o carieră necalificată. E prost plătită și nu se bucură de respect. Acest lucru trebuie să se schimbe. Trebuie să recunoaștem aptitudinile de care e nevoie la un loc de muncă unde se crește practic următoarea generație, iar rolurile ar trebui plătite pe măsură și, cel mai important, finanțate cum se cuvine de către stat. Prețul instituțiilor de calitate pentru educarea și îngrijirea copiilor e prohibitiv pentru multe familii și trebuie luată în considerare imaginea de ansamblu, cu o implicare mai susținută din partea guvernului.

Să fii părinte e greu. Să fii părinte cu serviciu e și mai greu. Trebuie să ne acordăm răgazul de a vedea și aprecia roadele muncii noastre, atât în familie, cât și în plan profesional. Vinovăția poate să fie paralizantă, un obstacol imens în drumul spre a deveni un părinte mai calm. Dar schimbările necesare pentru a face mai ușoară viața părinților care lucrează nu stau în puterea noastră, transformarea trebuie să aibă loc la nivel de societate. Înseamnă oare că nu putem face nimic pentru cei ca noi? Nu cred, iar următorul capitol e foarte relevant în acest sens, deoarece vom învăța cum să avem grijă de noi înșine și să fim mai îngăduitori cu noi. În cele din urmă însă, părinții cu serviciu trebuie să accepte că nu le pot face pe toate, și e în regulă că se întâmplă așa. Ești suficient de bun, și asta e tot ce contează.

CAPITOLUL 9

De ce e important să fii bun cu tine: Pentagonul liniștii

Ca să fii un părinte bun, trebuie să ai grijă de tine: așa vei dobândi energia fizică și emoțională necesară pentru a avea grijă de familia ta. — Michelle Obama, fosta Primă Doamnă a Statelor Unite ale Americii

Mi se pare nebunie curată cum, frecvent, avem mai multă grijă de bunurile noastre decât de noi înșine. Să-i luăm drept exemplu pe cei cu mașini de familie: le ducem la service și la inspecții tehnice, le curățăm în interior și exterior (chiar dacă nu în mod regulat, unii dintre noi), verificăm cauciucurile, uleiul, lichidul de parbriz, le facem plinul periodic. Nu am încerca niciodată să le conducem fără să punem benzină, dacă ar fi aproape pe zero. Cu toate acestea, când rezervoarele personale de energie rămân goale, tragem în continuare de ele. Când conduci mașina fără verificările periodice, nu dai vina pe ea când nu merge. Recunoști sincer că ai fost neglijent. Cu toate acestea, când îți pierzi cumpătul, răbufnești în fața copiilor sau partenerului de viață sau pur și simplu rămâi fără energie și motivație ca părinte, prima reacție e să te învinovățești. Repeți că nu ești îndeajuns de bun, că e ceva în neregulă cu tine, că nu-ți stă în fire să fii calm. De câte ori ne oprim să ne întrebăm dacă am avut destulă grijă de noi? Nu-i nebunie curată că nu vedem fix ce trebuie, și anume propria persoană?

Un lucru pe care trebuie să-l învățăm pentru a deveni părinți mai calmi e că odihna e o necesitate, nu un moft. E o necesitate care alimentează corpul și mintea, dacă vrem să fim calmi.

„Dar nu am timp pentru toate astea!"

Pun pariu că ăsta a fost primul tău gând când ai citit paragraful anterior, nu-i așa? „Deja am ajuns la limită cu copiii, casa, munca și atâtea altele. Cum să mai găsesc timp să am grijă de mine?“

Te înțeleg. Și eu am fost ca tine. Dădeam înainte, oricât de epuizată mă simțeam. Pur și simplu nu aveam timp să fac nimic pentru mine. Puteam să amân, pentru când copiii creșteau. Doar că nu e așa: nu se găsește niciodată un moment potrivit, zilele nu vor fi mai liniștite, mai ușoare, mai puțin aglomerate. Niciodată n-o să vină firesc clipa când o să ai grijă de tine. Ține de tine să pui lucrurile în mișcare.

Celălalt lucru pe care trebuie să-l înțelegem cu toții e că, dacă nu ne facem timp să ne ocupăm de nevoile noastre, va trebui să ne facem timp să reparăm ruptura, daunele și proasta gestionare ce se vor produce când vom fi epuizați și ne vom pierde cumpătul în fața copiilor. Pentru că vom ajunge într-atât de suprasolicitați, încât vom claca. E inevitabil. Și atunci, nu numai că va trebui să ne ocupăm de nevoile noastre (care sunt evident mai mari într-o asemenea stare de epuizare), dar va trebui să facem eforturi pentru a-i reechilibra pe copii și a le rezolva comportamentul problematic. Practic, rezolvarea acestor consecințe implică mult mai mult timp și energie decât dacă ne-am ocupa preventiv de această problemă.

Nici unul dintre noi nu are timp. Existența ne e plină-ochi cu „chestiuni“ care ne cer în mod constant atenția, dar trebuie să ne facem timp. Nu vorbesc de gesturi mărețe. Ba chiar, gesturile mărețe sunt cele care eșuează adesea, pentru că pur și simplu nu putem să le menținem. În schimb, avem nevoie de schimbări mici, pozitive și repetate. Câte cinci minute în fiecare zi, în loc de jumătate de zi sau o zi întreagă din când în când. Cheia spre a-ți satisface nevoile mai bine este să le incluzi în rutina ta de zi cu zi. Gândește, de exemplu „Am spălat vasele și am hrănit animalele. Mi-am satisfăcut propriile nevoi azi?“

Având asta în minte, vreau să-ți prezint Pentagonul liniștii, conceput de mine.

Pentagonul liniștii

Din negura vremurilor, artiștii au folosit forma pentagonului pentru a reprezenta perfecțiunea ființei umane. Faimosul „om vitruvian“ al lui Leonardo da Vinci este un astfel de exemplu: capul, brațele și picioarele marchează cele cinci puncte ale pentagonului. Nu sunt o adeptă a tendinței spre perfecțiune, dar mi se pare că echilibrul și pacea din minte și trup sunt scopuri realizabile. Prin urmare, Pentagonul liniștii se concentrează pe interdependența dintre corp și minte, prin conceptele de alimentație adecvată, somn pe săturate, mișcare, odihnă și timp petrecut în mijlocul proprietăților vindecătoare ale naturii.

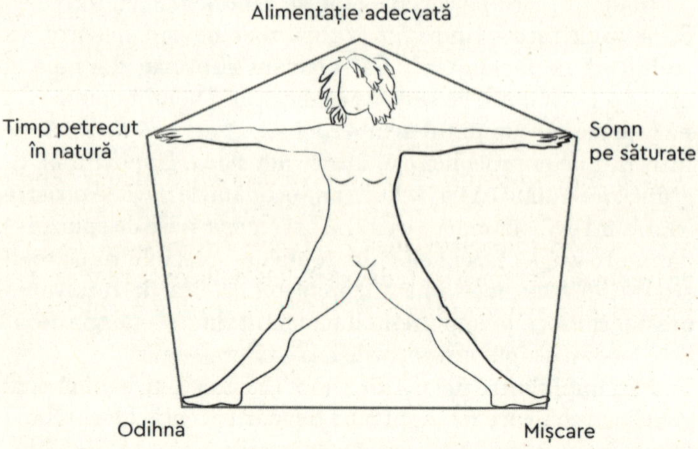

Hai să privim mai detaliat fiecare din cele cinci puncte.

Alimentația adecvată

N-o să-ți spun ce ar trebui și n-ar trebui să mănânci, n-o să-ți dau rețete sau un plan de alimentație pe care să-l respecți. În primul rând, nu sunt nutriționist calificat; în al doilea rând, nici nu cred că te-ar ajuta prea mult. Majoritatea știm deja, mai mult sau mai puțin, ce ar trebui să mâncăm. Trăim într-o cultură care ne asaltează cu sfaturi despre nutriție și diete. De fapt, cred că ne-ar fi mai bine cu mai puține, pentru că atunci am putea să mâncăm mai intuitiv. Sau, mai curând, am învăța să blocăm zgomotul exterior și să ne conectăm cu ce contează cel mai mult: corpul nostru.

Și atunci, la ce-ar trebui să fim atenți? Probabil tuturor ne-ar fi mai bine dacă am învăța să ne recunoaștem semnalele de foame și de sațietate. Să mâncăm atunci când organismul ne anunță că scade glicemia, să alegem mâncăruri care ne satură și ne dau energie pentru mai mult timp, în locul unor creșteri bruște de scurtă de durată; să bem atunci când simțim primele semne de sete. Întorcându-mă la analogia cu mașina, gândește-te cum i-ai pune benzină și lichid de parbriz dacă ar avea nevoie. Încearcă să faci același lucru cu corpul tău, învățând care sunt indicatorii tăi unici, în absența unui bec de avertizare. Ar fi minunat și dacă am face aceste lucruri fără să simțim vinovăția impusă de societate, care ne învață să ne deconectăm de corpurile noastre și să mâncăm într-un mod oricum, numai intuitiv nu. Nu o să intru aici în detalii despre mâncare și relația noastră cu ea, dar dacă vrei să afli mai multe poți citi cartea mea *The Gentle Eating Book*. În final, ar trebui să fim conștienți de posibilele deficiențe nutritive și impactul lor asupra noastră. Dacă-ți faci griji că nu ai o dietă optimă și te simți epuizat, îți recomand să mergi la doctorul de familie și să ceri să ți se facă analize de sânge, ca să verifici nivelul de vitamine și minerale importante.

Ce spun părinții

Am vorbit cu o serie de părinți despre modul în care alimentația le afectează comportamentul și relația cu copiii. Iată ce mi-au spus:

> Faptul că am un copil m-a făcut să-mi dau seama că și comportamentul meu se schimbă dacă am nevoie la toaletă sau de mâncare. Și acum, chiar dacă are șase ani, mă asigur că nici unul dintre noi nu are nevoie la toaletă sau de o gustare atunci când vreunul dintre noi se poartă aiurea!

Mi-e greu să fiu calmă cu copiii când mi-e foame! Mă grăbesc să fac mâncare pentru toată lumea și apoi să strâng după, și se întâmplă adesea să uit să mănânc. Și mă mai întreb de ce sunt așa arțăgoasă!

Cel mai greu mi-e să-mi păstrez calmul atunci când nevoile fiicei mele (cum ar fi faptul că vrea să fie ținută mereu în brațe) înseamnă că nu pot să-mi acord nici cel mai mic răgaz, cum ar fi cafeaua de dimineață. În acele momente, uit că e doar un țânc și o iau personal, deși clar nu e.

Stau prost cu vitamina D și am deficiență de fier, așa că mă simt permanent epuizată: trebuie să fiu o mamă bună, un angajat harnic și o gospodină pricepută, de aceea ajung deseori să-mi ies din țâțâni.

Somn pe săturate

Când ești părinte, somnul e un subiect foarte sensibil, mai ales dacă ai un bebeluș sau un copil mic. Realitatea crudă e că și noaptea, ca și ziua, părinții trebuie să stea la dispoziția copilului, satisfăcându-i nevoile fără pauză, și deci ajungând la epuizare extremă.

Pentru unii, răspunsul constă în a le impune forțat copiilor un program de somn. Sigur, știu cum arată disperarea, dar nu cred că singurul mod de a supraviețui acestei perioade e să pui povara schimbării pe copii. Până la urmă, pentru majoritatea, somnul e perfect normal pentru vârsta pe care o au; adevărata problemă e că nu se sincronizează cu somnul adulților. Ce-aș sugera eu în schimb? Concentrarea pe optimizarea somnului: mă asigur, altfel spus, că programul e cât se poate de bine gândit în viața copilului, atât ziua, cât și noaptea, pentru ca somnul să-i fie cât mai bun posibil, având în vedere limitele sale fiziologice și specifice vârstei. Când te concentrezi pe optimizare, nu o să convingi un bebeluș sau un copil mic să doarmă toată noaptea într-o săptămână, dar e posibil să mai ia din presiune, atât cât să dormi tu ceva mai mult. Vorbesc mai mult despre optimizarea somnului în *The Gentle Sleep Book*, dacă te-ar interesa să încerci.

Concentrarea pe somnul copilului e însă doar o fațetă, de care societatea noastră e, zic eu, mult prea obsedată. Ar fi important, în schimb, să vedem ce putem schimba și la somnul nostru. Majoritatea greșim în multe privințe când vine vorba de igiena somnului, ceea ce, în combinație cu trezirile foarte normale ale copiilor mici, provoacă cele mai multe probleme. Cum poți să-ți îmbunătățești somnul, chiar dacă ai un copil care se trezește?

- **Lumina**: Pentru un somn odihnitor, avem nevoie de expunere la multă lumină naturală în timpul zilei (trage din geam jaluzelele și perdelele dimineața și ieși afară, în lumină naturală, cât de des poți) și cât mai puțină lumină noaptea. Seara, trage perdelele și jaluzelele (eventual jaluzele opace, dacă există poluare luminoasă de afară) și fii atent ce surse de lumină folosești. Evită becurile care economisesc energie și pe cele fluorescente noaptea, evită lumina colorată, că-i albastră, mov, verde etc. Orice lumină folosită ar trebui să fie în spectrul culorii roșii sau cât mai aproape de ea, deoarece stimulează secreția de melatonină a corpului, care e hormonul somnului.
- **Ecranele**: În continuarea ideii anterioare, petrece cât mai puțin timp în fața ecranului noaptea. Ideal, ar trebui să renunți la orice fel de ecran cam cu o oră înainte de somn. Asta include televizorul, tabletele, laptopurile și telefoanele mobile. Dacă trebuie să le folosești, fă-o în „modul noapte“, scade luminozitatea până la cea mai joasă setare, folosește o aplicație „cu lumină roșie“ sau poartă ochelari de filtrare a luminii albastre.
- **Temperatura**: Pentru un somn odihnitor, dormitorul trebuie să fie mai răcoros (nu înseamnă că nu-ți poți pune niște pijamale moi sau o pătură groasă). În mod ideal, temperatura ar trebui să fie între 15 și 19 grade Celsius. Dacă e mai cald de atât, începe să se blocheze secreția de melatonină. În plus, e indicat să dormi cu fereastra deschisă, ca să răcorești camera puțin și să lași să intre aer curat.

- **Umiditatea**: Dacă aerul din dormitor e prea uscat, poți să te trezești cu dureri în gât sau cu gâtul uscat. Se știe că centrala termică și aerul condiționat provoacă acest lucru. Dacă folosești așa ceva, ar prinde bine un umidificator sau un difuzor ultrasonic, care folosește vapori de apă. Nivelul ideal de umiditate pentru somn e în jur de 30-60%.
- **Verifică-ți pernele**: Mulți avem tendința să folosim prea multe perne sau perne prea pline și ferme, care ne obligă gâtul și spatele să stea într-o poziție deloc potrivită. Perna ar trebui să susțină curba naturală a spatelui și gâtului, aliniindu-le, și vei reuși să faci asta dacă folosești o singură pernă.
- **Cofeina**: Majoritatea oamenilor evită băuturile bogate în cofeină înainte de culcare, dar în timpul zilei consumă în mod regulat băuturi cu cofeină, care pot să le afecteze somnul. Putem aluneca foarte ușor într-un cerc vicios, consumând multă cofeină pentru că suntem obosiți din cauza somnului prost și avem nevoie de un imbold, după care cofeina ne provoacă probleme cu somnul. O schimbare simplă aici e să te asiguri că bei câte un pahar de apă după fiecare altă băutură.
- **Dietă și exerciții**: Toți știm că o dietă echilibrată ne face cel mai bine, inclusiv când vine vorba de somn. Anumite deficiențe (fier, magneziu și acizi grași omega-3) pot să înrăutățească somnul, ca și un microbiom sub nivelul optim, flora intestinală jucând un rol special în reglarea ritmului circadian (ceasul corpului). În mod similar, exercițiile pe care le facem ziua ne afectează foarte mult starea și au un impact semnificativ asupra somnului, așa cum vom vedea mai jos.
- **Rutina**: Petrecem atâta timp încercând că creăm rutina de somn optimă pentru copiii noștri, apoi, la finalul zilei, ne prăbușim în pat, epuizați, și nu ne mai gândim că și somnul nostru ar avea de câștigat dintr-o astfel de rutină. Crearea unui ritual simplu la culcare, precum o baie caldă sau un duș, apoi citirea unui capitol dintr-o carte,

înainte să stingi lampa (roșie) de pe noptieră, pot să-ți ajute somnul. O altă idee de luat în considerare e să încerci să-ți menții programul de somn, trezindu-te și culcându-te la aceleași ore. Poate fi tentant să încerci să dormi mai mult în diminețile de weekend, dar lipsa de regularitate e dușmanul unui somn bun. Să-ți ajuți ritmul circadian să se regleze, cu ore regulate, e mult mai important când încerci să ai un somn de calitate.

O ultimă mențiune aici: când am consultații în privat cu părinții, ca să-i ajut să optimizeze somnul copiilor, primesc deseori capturi de ecran cu informații despre somn de la monitoarele lor portabile. Acestea pot fi utile dacă vreți să identificați anumite probleme sau să atingeți un scop de fitness. Dar, când vine vorba de somn, am descoperit că de obicei mai mult provoacă anxietate decât să fie utile în mod real. Părinții devin foarte preocupați de cât de mult dorm, verificându-și datele în clipa în care se trezesc și stresându-se din cauza nopților în care dispozitivele le spun că n-au dormit bine sau mult mai puțin decât media pentru adulți. Culmea, acest stres e unul dintre cei mai mari dușmani ai somnului. Pe scurt, cu cât suntem mai stresați, cu atât ne e mai greu să dormim. Dacă porți un monitor portabil și te afli în acest scenariu, îți sugerez să-l dai jos noaptea.

Ce spun părinții

Am vorbit cu câțiva părinți despre somnul – sau mai curând nesomnul – lor, sub impactul vieții de familie. Iată mărturiile lor:

> Mi-e greu când mă simt epuizată. Sunt calmă cât de mult pot, după care îmi ies din pepeni. Și mă simt oribil din cauza asta pentru tot restul zilei.

> Când sunt obosită și nu pot să gândesc limpede, am zero răbdare și rezistență.

> Mă lupt cu oboseala... extenuarea... epuizarea totală... Când sunt trează de la 5:40 dimineața, muncesc încontinuu opt ore, după care

trebuie să fac toate treburile de cină-gustare-baie-culcare, sunt extrem de obosită, abia mă țin pe picioare, cu atât mai puțin am răbdare cu copilul meu de trei ani... Și mă urăsc pentru că sunt pornită pe toți și toate.

Lipsa somnului e un puternic factor declanșator pentru mine. Când dorm destul, dețin controlul, sunt calmă și am răbdare cu copilul, dar după o noapte cu somn puțin sau întrerupt, simt că-mi pierd controlul și am o stare emoțională foarte inflamabilă.

Dacă am dormit bine noaptea, totul pare posibil. Când nu, îmi pierd repede cumpătul.

Nu îmi place să mă trezesc dimineața cu alarmă. Dar pe aia poți s-o mai amâni. Mi-e greu când fiica mea se trezește devreme și mă strigă. Ea nu poate fi amânată și nu am de ales decât să mă dau jos din pat, de obicei un pic iritată.

Mișcarea

Îți amintești când erai mic și îți plăcea să te miști? Când alergatul, săritul, țopăitul și dansul îți aduceau bucurie? Să faci mișcare era ușor și plăcut, iar statul nemișcat toată ziua părea o pedeapsă, greu de suportat. Când a devenit mișcarea corpului o povară? Încă o corvoadă pe lista noastră cu treburi de făcut?

La un moment dat, între copilărie și maturizare, pierdem bucuria mișcării libere și începem să ne mișcăm corpurile ca „exercițiu", și nu ca să „ne simțim bine". Ideal ar fi să percepem mișcarea cu aceeași plăcere ca în copilărie. Cu cât etichetăm mișcarea ca fiind „un exercițiu", „o alegere sănătoasă", „un stil de viață" și tot așa, cu atât ne dorim mai puțin s-o facem.

Când devenim părinți, nivelul de activitate scade – și totuși, cu cât avem mai multe activități, cu atât ne simțim mai bine.[1] S-a demonstrat că exercițiile ajută la reducerea anxietății, stresului și depresiei și pot îmbunătăți starea generală, prin eliberarea unor substanțe chimice benefice. Studiile au arătat că părinții mai activi în pandemie se simțeau mai puțin stresați.[2] În plus, studiile având drept subiect mamele cu serviciu, care comparau impactul somnului și al mișcării asupra stării generale, au descoperit că sporirea activității fizice e mai benefică decât creșterea perioadei de somn.[3] Un lucru pe care l-am observat în mod constant e că, tocmai atunci când sunt absolut epuizată, am dureri, sunt rigidă, obosită, nemotivată și, în general, am chef de orice, doar de mișcare nu, tocmai acela e momentul în care exercițiile mă ajută cel mai mult. Acel prim pas e dificil, dar, dacă poți să treci de el, o să te ajute.

Să nu ne mai gândim la mișcare în termeni de pierdere a greutății și tonifiere a mușchilor și, în schimb, s-o privim ca fiind un mod distractiv de a ne descărca și a scăpa de stres. În ultimii ani, am schimbat radical modul în care privesc exercițiile. Înainte, eram axată pe activități lente, conștiente, precum yoga și Pilates, pentru că tot ce am citit mi-a spus cât de bune sunt pentru menținerea stării de calm. Însă, oricât de prezentă încercam să rămân în timpul unui curs, tot mă gândeam la sarcinile zilei; m-au ajutat să fiu, pentru o vreme, mai calmă, dar nu aveau un efect de lungă durată asupra stării mele. În schimb, am învățat că-mi fac bine exercițiile zgomotoase și agitate, în care pot să arunc cu lucruri, să fac gălăgie și să descarc stresul acumulat, totul având drept fundal muzica tare și ritmată. Pentru mine, fitnessul de intensitate ridicată, de tipul CrossFit, și ridicarea greutăților bifează toate căsuțele. Sunt distractive, ceea ce-i cel mai important. Poate pe viitor voi reveni la mișcările mai calme de yoga și Pilates, sau poate mă apuc de ceva nou, dar secretul e să găsești ceva care ți se potrivește și-ți îndeplinește nevoile în momentul de față. Așa că uită ce beneficii se spune că are un anumit tip de exerciții sau ce e la modă și găsește ceva ce-ți place. Poate preferi să te înscrii într-o echipă de sport competitiv pentru prima oară de când ai terminat școala. Să ieși la alergat cu un prieten. Să te dai cu rolele, reaprinzând o pasiune pe care o aveai la opt ani. Indiferent de ce alegi, încearcă să-ți regăsești copilul din tine, căruia îi plăcea să-și miște corpul pentru simplul fapt că era distractiv.

Odihna

La ce te gândești când spun cuvântul „odihnă"? Majoritatea părinților ar spune imediat „Ce-i aia? N-am timp să mă odihnesc!" Și eu m-aș fi numărat printre ei. Înainte, aveam două stări: trează și ocupată sau adormită. Atât. Nimic între.

Ca părinți, suntem făcuți să ne simțim vinovați dacă ne odihnim. Dacă nu avem grijă de copii, muncim; când nu muncim, deretecăm prin casă sau planificăm treburi. Pare să fie o regulă nescrisă că ești leneș dacă te odihnești – și că cel mai bine e să fii mereu ocupat, așa cum am discutat deja în capitolul 6. Acum ți-ai dat seama, sper, că nu-i adevărat. Avem nevoie să ne odihnim la fel cum avem nevoie de aer ca să respirăm.

Așadar, cum arată odihna? Imaginile clasice sunt de liniște și nemișcare, dar, de fapt, și opusul poate să fie adevărat, atâta vreme cât îți aduce claritate, spațiu și pace lăuntrică. Odihna poate însemna:

- petrecerea timpului singur, mai ales dacă te simți „detașat";
- utilizarea judicioasă a telefonului și a oricăror dispozitive (limite și perioade în care nu stai cu ochii în monitor);
- detașarea de tot ce ține de copii (de exemplu, citește cărți de ficțiune, și nu o carte precum aceasta de față; evită newsletterele și site-urile pentru părinți și caută domenii complet diferite);
- delectarea cu un hobby, petrecerea timpului liber făcând ceva ce-ți place;
- bucuria unui pui de somn în timpul zilei;
- întâlnirile cu prietenii;
- o plimbare;
- vizionarea unui film;
- cufundarea în rugăciune;
- retragerea într-un loc liniștit, departe de zarvă și exces de stimuli;
- visarea cu ochii deschiși.

Ce-i frumos când vorbim despre odihnă e că fiecare își poate găsi răspunsul său unic. Odată găsit acel lucru care-ți hrănește sufletul și mintea, te poți reconecta la tine însuți, după perioade lungi în care ai uitat cine ești și ce-ți place.

Ce *spun părinții*

Am vorbit cu câțiva părinți și i-am întrebat de ce e odihna atât de importantă când crești copii. Iată ce mi-au răspuns:

> Am nevoie să stau singură ca să-mi încarc bateriile, dar deseori, după ce dorm cu copilul, îl alăptez, mă trezesc în zori, sunt solicitată fără pauză și nu apuc nici să mă duc la baie singură, pur și simplu explodez. E și mai rău când e haos în casă, îmi dă senzația că mă sufoc!
>
> Mă afectează dacă n-am hrană pentru minte, adică dacă nu citesc o carte, nu merg la serviciu, nu fac ceva separat de copilul meu.
>
> Mi se pare mult mai ușor să fiu alături de copii și să-i susțin după ce am avut o pauză și mă simt mai echilibrată.
>
> Mi-e greu să strecor timp pentru mine, și mă simt vinovată că am nevoie de pauză, mi se pare o dovadă de egoism să-mi iau o oră doar pentru mine. Nu mi s-a reproșat niciodată așa ceva, nu mi s-a imputat, totul e în capul meu.
>
> Nu mă descurc când e prea mult zgomot. Nu atât zgomot ca atare, cât zgomote diferite care se aud toate în același timp. Un exces de stimuli.
>
> Mi-e greu deoarece nu apuc să spun tot ce-mi trece prin minte. Mi-e dor de perioada când puteam să mă relaxez tot restul zilei, dacă avusesem mult de muncă. Uneori, simt c-o să explodez, dar e atât de greu să găsesc timp doar pentru mine și, dacă-l găsesc, mă simt vinovată.

Timpul petrecut în natură

Natura ne arată în mod constant cum să reparăm și să reconstruim, indiferent de greutăți. Gândește-te la sămânța care împunge prin asfalt sau la primele semne de viață, după un incendiu de pădure. Natura ne poate readuce cu picioarele pe pământ în perioade dificile. După horoscop, sunt în zodia Taurului, semn de pământ, și nimic nu mă calmează mai mult decât să mă plimb desculță printre copaci și plante. Să-mi afund picioarele în țărână și să trag adânc în piept parfumul de pin, de rouă de pe frunze și de pământ reavăn. Dacă sunt furioasă sau secătuită de energie, grădinăritul e una dintre activitățile mele preferate și, la fel ca pe atâția alții, grădina m-a salvat în timpul carantinei de Covid. Înțeleg cât de privilegiată sunt să am propria grădină. Nu toată lumea are așa ceva; dacă nu ai o grădină, sfatul meu ar fi să cauți loturi la organizațiile locale, grupurile pasionaților de plante, de reabilitarea mediului înconjurător; mergi în parc, în pădure, pe plajă sau înoată într-un lac. Oriunde găsești natură, îmbrățișeaz-o și las-o să-ți vindece sufletul.

Japonezii au un cuvânt pentru efectele vindecătoare ale statului în natură: shinrin-yoku sau „baie de pădure". Studiile au descoperit că petrecerea unei singure zile în pădure reduce semnificativ sentimentele de ostilitate și depresie și crește nivelul de energie.[4] Cercetările axate pe impactul fiziologic și psihologic al băii de pădure au arătat că petrecerea timpului în pădure scade tensiunea arterială, pulsul și hormonii de stres și reduce nivelul de anxietate și oboseală, îmbunătățind starea emoțională.[5]

Dar petrecerea timpului în natură nu trebuie să însemne, neapărat, plimbarea prin pădure, ca să te bucuri de beneficii. Ar putea să fie:

- plimbări prin parcul din zonă;
- lecții de educație ecologică în natură împreună cu copilul;
- vizita la o rezervație naturală;
- învățat despre căutarea hranei și găsirea surselor locale de produse din sălbăticie;
- umblatul desculț prin iarbă.

Când copiii erau mici, mantra mea era următoarea: „Când nu mai știi ce să faci, ieși afară". Când încăierările și țipetele deveneau ieșite din comun, luam cu toții haine groase, impermeabile pe noi și mergeam pe tăpșanul din apropiere. Nu eram singura care simțea efectele pozitive. Timpul petrecut afară, în natură, a avut mereu un efect calmant asupra copiilor mei. Acum îmi doresc însă ca mantra mea să fi fost: „Dacă vrei să nu mai țipi, ieși afară!" Folosirea naturii pe post de profilactic, ca să mă ajute să rămân calmă, și nu ca ultimă opțiune, când calmul meu sucombase deja, pare o idee mult mai bună.

Părerea mea e că, de multe ori, știm deja de ce nu reușim să fim mai calmi, iar în adâncul nostru știm deja care ar fi soluția. Vei găsi timp pentru propriul Pentagon al liniștii doar dacă ți-l acorzi singură. Sper că acest capitol ți-a arătat că a sosit vremea s-o faci!

Să fii bun cu tine e mai realist și mult mai de impact decât să ai grijă de tine

În urmă cu doi ani, am decis să nu mai folosesc formula „ai grijă de tine", ci „fii bun cu tine". Mă săturasem de tonele de articole care spuneau că „părinții trebuie să aibă grijă de ei înșiși". Ideea că „trebuie să ai grijă de tine" mi se părea o sarcină pe lângă toate celelalte, încă o corvoadă pe capul părinților, altă căsuță de bifat în lista tot mai lungă. Presiunea de a avea grijă de ei le induce adeseori senzația de ratare și vinovăție. Ironia face că ți se spune să ai grijă de tine tocmai cu scopul de a elimina această senzație.

Acum prefer să folosesc ideea de bunătate față de sine. Nu trebuie să te duci nicăieri, nu trebuie să cumperi nimic. Nu trebuie nici măcar să-ți faci timp ca să fii bun cu tine. Poți s-o faci când te copleșesc scutecele, crizele copiilor, rufele murdare, pregătitul cinei. Premisa e simplă: pur și simplu te străduiești să te porți mai frumos cu tine. Îți accepți defectele ca fiind complet normale, ești realist cu privire la multitudinea de treburi de bifat, te ierți atunci când greșești și nu te mai compari cu alții (mai ales cu versiunile fictive ale altora, văzute pe internet). Pui punct conversațiilor dăunătoare față de sine cu două cuvinte simple: „Sunt îndeajuns". E mult mai simplu și mai ușor să ții minte cuvintele „Azi, o să mă port frumos cu mine" decât să gândești „Bleah, ar trebui să am grijă de mine. Înc-o sarcină de adăugat la lista interminabilă".

Te-ai gândit vreodată că modul în care ne tratăm e modul în care se vor trata copiii pe ei înșiși? Dacă ne socotim nedemni de a fi buni cu noi înșine, vom crește copii cu probleme de stimă de sine, orice le-am spune. Pe scurt, le dăm un exemplu copiilor noștri, ca să învețe atât cum să-i trateze pe alții, cât și cum să se trateze pe ei înșiși. Ce preferi să-și spună copiii când sunt mai mari?

- „Merit iubire."
- „Sunt suficient de bun așa cum sunt."
- „Îmi place de mine și mă respect."
- „E în regulă să fac greșeli. E o dovadă că învăț."

Sau:

- „Nu știu de ce mă iubește cineva."
- „Nu sunt suficient de bun."
- „Sunt inutil."
- „Nu-mi iese nimic."

Bănuiesc c-ai alege primele patru exemple, nu-i așa? Însă care se potrivesc mai bine cu gândurile pe care le ai mai des despre tine? Dacă ne dorim ca primele patru exemple să se întâmple în viața copiilor noștri, trebuie să ne vorbim și nouă la fel. Dacă ne tratăm cu bunătate, se va vedea în faptele și comportamentul nostru – tocmai ceea ce vor imita copiii noștri.

Cum să fii bun cu tine

Nu-i teribil faptul că avem nevoie de instrucțiuni ca să învățăm să ne purtăm mai frumos cu noi înșine? Pun pariu că majoritatea oamenilor ar putea să scrie o carte despre modul în care se poartă urât cu ei înșiși. Dar dacă îi întrebi cum să se trateze cu empatie și respect, rămân repede fără idei. Așadar, cum să procedăm? N-o să te surprindă să auzi că nu există soluții magice, doar pași zilnici spre acceptarea de sine și, apoi, spre iubire de sine. Iată câteva sugestii:

- **Nu te mai învinovăți pentru că „nu ești suficient de calm".** Până acum, ți-ai dat seama câte lucruri îți sunt potrivnice când vine vorba de creșterea copiilor și recunoști sursa gândurilor și obstacolele pe care le ai în drum. Abilitatea ta de a fi calm are foarte puțin de-a face cu alte calități „suficiente“ de-ale tale. În mare parte, ține de context, istoric și împrejurări. Sau, cu alte cuvinte, nu e vina ta!

- **Învață cum să ierți.** Ce anume – sau pe cine – ai nevoie să ierți ca să te poți concentra pe eforturile de a deveni mai fericit și calm și să-ți activezi gândurile care-ți sunt de ajutor, nu care te chinuie? Deseori, suntem mai drastici cu propriile noastre greșeli. Avem nevoie să ne iertăm. Așa că nu te mai condamna. Iartă-te pentru că nu ai știut lucrurile pe care le știi acum. Iartă-te pentru că ești om, la fel ca restul lumii, și simte cât de eliberatoare e iertarea.
- **Recunoaște că ți-ai luat prea multe pe cap.** Când ne menținem ocupați, poate că ne ajută să nu ne mai gândim la (ce percepem noi ca fiind) neajunsurile și eșecurile noastre, dar tot acest program ocupat ne și pune la încercare răbdarea și toleranța. Atât în raport cu ceilalți, cât și cu noi înșine. Mai lasă deoparte sarcinile și treburile casnice neesențiale (măcar pentru o vreme, dacă nu permanent), și atunci vei reuși să fii mai calm și mai blând cu tine.
- **Cere ajutor.** Să fim buni cu noi înșine înseamnă să cerem ajutor și, cel mai important, să acceptăm ajutorul care ne este oferit. Meriți ajutor. Nu trebuie să duci totul singur. Dacă nu-ți este oferit ajutor de bunăvoie, cel mai bine e să începi prin a le spune celor apropiați când te simți copleșit. Ar trebui să ne intre în reflex să cerem ajutor.
- **Prețuiește-ți pacea.** Încearcă să nu te pui în situații care știi c-o să te streseze. De exemplu, nu intra în dezbateri istovitoare pe internet (amintește-ți să folosești butonul de blocare) sau în certurile dintre prieteni. Dacă te trezești într-o astfel de situație, nu te simți obligat să stai acolo: cere-ți scuze și pleacă, sau pleacă pur și simplu. Liniștea ta e mai importantă decât victoria într-o dispută, mai ales cu străinii.
- **Acceptă toată gama de emoții importante.** Toate sentimentele sunt valide și sănătoase. Nu există „sentimente rele“, nici măcar furia și nerăbdarea, și clar nu ești rău dacă le încerci. Emodiversitatea e un termen folosit ca

să descrie importanța de a ne împăca, metaforic, cu toate sentimentele noastre și a ne da voie să le simțim, fără să ne judecăm. Secretul stă în felul în care gestionăm aceste sentimente. Prea des, oamenii încearcă să ignore trăirile considerate „negative“ și cumva nepotrivite în efortul de a deveni părinți calmi, dar poate fi foarte contraproductiv ca, în loc să le înfrunte, să le îndepărteze într-atât de mult, încât ele răbufnesc inevitabil. Nu uita că ești mereu un exemplu pentru copilul tău: ce vrei să învețe despre gestionarea emoțiilor? Vrei să-l înveți că, orice ar simți, e în regulă, și să-l ajuți să-și accepte emoțiile? Sau vrei să-l înveți că unele emoții sunt greșite și, ca urmare, greșește că le simte? N-o să-l ajuți să le gestioneze. Bineînțeles c-ai alege prima opțiune pentru copiii tăi, iar ca să fii un exemplu de emodiversitate matură, trebuie mai întâi să faci pace cu sentimentele tale.

- **Nu uita, există o legătură puternică între stima de sine și încercările noastre de a le face pe plac oamenilor**. Să fim buni cu noi înșine înseamnă, deseori, să ne punem pe primul loc, adică să nu le mai facem mereu pe plac oamenilor. Trebuie să lucrăm la stima noastră de sine și să acceptăm că, uneori, nevoile noastre trebuie să fie pe primul loc. N-ar trebui să ne oferim să facem totul pentru ceilalți, ca să ne considere buni. În schimb, trebuie să pornim de la ideea că suntem deja buni și că bunătatea noastră nu e influențată de părerea celorlalți despre noi.

Sper că acum înțelegi de ce acest capitol apare spre finalul cărții, și nu la început. A trebuit să vină după toate capitolele despre factorii care ne influențează abilitatea de a fi buni cu noi înșine, inclusiv (dar nu limitat la) propria noastră copilărie, tendința spre perfecționism și comparație, impactul programului nostru aglomerat și al solicitării atât psihice, cât și fizice la care suntem supuși. Să fim buni cu noi înșine înseamnă să fim conștienți de toate lucrurile cu care trebuie să jonglăm, printre care influența celorlalți sau a relațiilor noastre actuale și trecute, precum și de modul în care ele ne pot submina stima de sine și autoaprecierea. Ca să fim buni cu noi, trebuie să ne punem nevoile pe primul loc, de dragul nostru.

Șapte pași practici spre a fi bun cu tine

Cum facem asta, practic? Înainte să trecem mai departe, vreau să-ți prezint câteva exerciții rapide care te pot ajuta să devii mai bun cu tine însuți. Nu trebuie să le folosești pe toate, alege-le doar pe cele care ți se potrivesc.

EXERCIȚIUL 1: Fă o pauză și schimbă vocea

Data viitoare când observi că vocea ta interioară devine negativă, imaginează-ți că apeși un mare buton de „pauză" în minte. Inspiră adânc și imaginează-ți că gândurile vin de la un părinte priceput în a fi bun cu sine. Gândește-te la mesajele tolerante și înțelegătoare pe care acest părinte calm și le-ar da. Cum crezi c-ar suna? Imaginează-ți că discursul tău interior negativ a fost preluat de un alt părinte, calm. Schimbă vocea și transformă-te din criticul tău interior în mentorul tău interior: cum te fac să te simți noile cuvinte?

EXERCIȚIUL 2: Dă-le sfaturi altora

Ai observat că, de obicei, suntem mult mai buni cu ceilalți părinți decât cu noi? Mereu sunt uimită de sfaturile în mod constant minunate și înțelegătoare oferite altora în grupurile de pe Facebook, în comparație cu postările autocritice și denigratoare pe care oamenii le scriu despre propriile abilități ca părinți. Imaginează-ți cum ar fi dacă am putea îndrepta acest sprijin, pe care-l oferim atât de neîngrădit celorlalți, către noi înșine. Ce diferență ar fi! Găsește o clipă de liniște și gândește-te ce i-ai putea spune altui părinte care are probleme. Imaginează-ți că acest om îți mărturisește îndoielile legate de stima de sine și încrederea în abilitățile de părinte, simțindu-se prins într-un cerc al gândirii negative. Ce i-ai spune ca să-l ajuți, nu doar ca să se simtă bine temporar, ci să vadă că e vrednic de bunătate față de sine și respect? Acum imaginează-ți că îți adresezi ție același sfat înțelegător.

EXERCIȚIUL 3: Sărbătorește-ți victoriile!

Îți amintești ultima oară când ai sărbătorit realizările copiilor tăi? Poate au făcut un desen frumos, s-au purtat bine cu alt copil sau au primit note mari la școală. Ce le-ai spus? Sau cum ați celebrat, ca familie? Acum gândește-te când ai fost tu celebrat pentru realizările tale ca părinte. Pun pariu că nu poți s-o faci. Nu e ciudat că, atunci când devenim adulți, nu ne mai sărbătorim realizările? Ei bine, e timpul s-o faci din nou. Data viitoare când ai o victorie de care ești mândru ca părinte, notează-ți într-un caiet special „Motive pentru care sunt un părinte bun“ sau pe o foaie de hârtie pe care o pui într-un borcan. Apoi vezi cum, în timp, caietul sau borcanul se umplu. Poți chiar să recitești notițele când ai o zi grea. Sau poate îți confecționezi un certificat sau abțibild „Azi am fost un părinte grozav“? Mereu am considerat că atâtea companii fac tabele și abțibilduri pentru copii, dar au ratat prilejul de a face unele destinate părinților. (Notă: dacă mi-ai citit părerile despre tabele cu recompense, abțibilduri și certificate pentru copii, probabil știi că nu sunt un mare fan al lor. Atunci te întrebi de ce îți sugerez să le folosești pentru tine? Motivul pentru care sunt împotriva lor pentru copii e că nu vizează problemele mai profunde, iar impactul lor pozitiv e temporar. Vorbesc mai mult despre asta în *The Gentle Discipline Book*, dacă te interesează. Prin urmare, deși nu sunt grozave ca tehnici de disciplinare, pot să ofere impulsul perfect pentru adulții care deja fac munca grea și au nevoie doar de un pic de ajutor sau încurajare pe termen scurt, ca să meargă mai departe.)

EXERCIȚIUL 4: Privește-te prin ochii celorlalți

Dacă nu ai un partener, un prieten sau o rudă care să-ți laude abilitățile ca părinte, sunt slabe șanse să fi auzit un compliment în ultimul timp. Putem ajunge să ne simțim invizibili, iar lipsa de apreciere din partea celorlalți ne poate eroda stima de sine și așa fragilă. Pentru acest exercițiu, aș vrea să-ți rogi partenerul, părintele sau un prieten apropiat (sau orice altă persoană de care ești apropiat și îți știe strădaniile ca părinte) să facă o listă cu „Zece motive pentru care ești un părinte grozav“. Apoi, citește lista și analizează motivele. Vezi cum ceilalți observă calitățile tale mai mult chiar decât o faci tu. Păstrează lista și lipește-o de frigider sau în alt loc unde s-o vezi zilnic.

EXERCIȚIUL 5: Trăiește autentic

Să fim buni cu noi înseamnă să trăim autentic. Înseamnă că nu ne prefacem ca să ne integrăm, nici nu încercăm să ne schimbăm ca să le facem pe plac celorlalți. Data viitoare când ești în prezența prietenilor, rudelor, partenerului de viață sau chiar a colegilor de serviciu, încearcă să-ți observi toate micile tendințe de a-ți minimaliza personalitatea, cu scopul de a te integra și a le face pe plac, și încearcă să mai renunți la ele. Încearcă să fii tu însuți cât mai mult posibil, să trăiești autentic și să fii consecvent cu tine, cel adevărat. Nu trebuie să te schimbi ca să fii mai plăcut de alții, ci trebuie să fii tu însuți, exemplificând ce înseamnă să fii bun cu tine.

EXERCIȚIUL 6: Afirmațiile sau „mantrele"

Nici o carte care arată cum devenim părinți mai calmi n-ar fi întreagă fără niște afirmații sau „mantre“. Sigur, pot aduce a clișeu, dar chiar sunt eficiente. Am petrecut mulți ani ca hipnoterapeut, și mereu m-a fascinat puterea afirmațiilor. Cred că funcționează mai bine când le scrii pe ale tale, în loc să le citești/reciți pe cele scrise de alții. Gândește-te la patru sau cinci declarații pozitive despre tine sau despre cel care speri să devii în scurt timp (aici vorbim, bineînțeles, despre schimbarea de dragul tău, nu de dragul altora!). Pot fi simple: „Sunt un părinte calm“, „Sunt suficient de bun ca părinte“ sau „Îmi arăt aceeași iubire și același sprijin pe care le arăt copiilor mei“.

După ce ai scris câteva afirmații pozitive, trebuie să ți le repeți periodic. Eu, personal, mă simt mult mai bine recitându-le în minte, dar știu că altora le priește să le citească cu voce tare în fiecare zi. Încearcă să găsești un minut sau două la aceeași oră, în fiecare zi, ca să te concentrezi pe aceste „mantre". De exemplu, după ce te speli pe dinți. Pentru un efect mai puternic, ai putea să te privești în oglindă când le spui.

EXERCIȚIUL 7: Verifică-ți Pentagonul liniștii

Nu uita de Pentagonul liniștii, de care am discutat mai devreme în acest capitol – cele cinci elemente de care toți avem nevoie ca să fim părinți mai calmi:

1. Alimentație adecvată
2. Somn pe săturate
3. Mișcare
4. Odihnă
5. Timp petrecut în natură

Să fii bun cu tine înseamnă să-ți verifici Pentagonul liniștii și să te asiguri că toate cele cinci puncte sunt îndeplinite. Pe care anume te-ai putea concentra mai mult? Există vreunul pe care știi deja că-l neglijezi?

Pe scurt

Înainte să trecem la următorul capitol, m-am gândit c-ar fi o idee bună să rezum ideile principale pe care le-am discutat despre bunătatea față de sine:

- Să fii bun cu tine e mai realist și mult mai de impact decât să ai grijă de tine.
- Poți să fii bun cu tine în viața de zi cu zi, fără să trebuiască să-i aloci timp sau activități speciale.
- Să fii bun cu tine înseamnă să-ți schimbi vocea lăuntrică și să-ți vorbești mai atent și mai înțelegător, așa cum facem față de ceilalți, mai ales de copii.
- Există multe lucruri care influențează abilitatea de a fi buni cu noi înșine; de exemplu, modul în care am fost crescuți. Trebuie să fim onești în această privință. Cel mai rău lucru pe care-l putem face e să ne certăm că „nu

suntem buni cu noi înșine“. Trebuie să ne dăm seama că, dintr-un motiv sau altul, în cea mai mare parte a vieții ne-am purtat cam urât cu noi.

- Să fim buni cu noi înseamnă să trăim autentic și să îmbrățișăm emodiversitatea. Toate sentimentele sunt în regulă; trebuie doar să învățăm să le acceptăm mai mult și să nu ne certăm că simțim emoții etichetate ca fiind „negative“.

Când am anunțat pe rețelele de socializare că scriu la cartea de față, un părinte a spus: „Super. Sper doar că n-o să se rezume la afirmații pozitive și tehnici de respirație“. De acord. De fapt, cred că răspunsul meu a fost: „Nici pe departe. A fi calm e mult mai complicat de-atât!“ Afirmațiile și respirația își au, bineînțeles, locul lor. Și cum tocmai am vorbit despre afirmații în capitolul ăsta, o să menționez tehnicile de respirație în următorul! Cu toate astea, ele fac parte dintr-un set mult mai amplu de instrumente, și, deși amândouă sunt utile, trebuie să ne concentrăm pe problemele mai mari care trebuie rezolvate, înainte să folosim soluții rapide.

Sper că acest capitol te-a ajutat să înțelegi cum bunătatea față de sine – sau mai degrabă lipsa ei, tipică pentru majoritatea părinților – ne poate afecta abilitatea de a fi calmi. În următorul capitol vom vorbi din nou despre mentalitatea celui care „găsește soluții“, plecând de la întrebarea: ce putem face când ne e greu să rămânem calmi și ne încearcă propriile „crize de părinți“?

CAPITOLUL 10

Cum să calmezi furtuna și să gestionezi momentele critice (sau cum să nu-ți pierzi cumpătul și ce să faci dacă totuși se întâmplă)

Nu există viață fără durere. Simpla înfruntare a problemelor noastre poate fi un imbold pentru evoluție.
— Fred Rogers, prezentator de TV

La începutul cărții, am pomenit cele șapte reguli ale mele care ne ajută să fim părinți mai calmi. În acest capitol, vreau să mă aplec din nou asupra regulii nr. 2: „Toată lumea își pierde cumpătul câteodată".

Cea mai mare îngrijorare a mea pentru părinții care ajung la această secțiune a cărții, după ce au asimilat informațiile din primele nouă capitole, e că sunt convinși că pot deveni mai calmi aproape fără excepție. Poate te întrebi de ce mi-aș face griji pentru așa ceva. Nu ăsta ar trebui să fie scopul meu? Nu ar trebui să vreau ca oamenii care-mi citesc rândurile să se simtă mai capabili și entuziasmați de ideea de a deveni calmi? Bineînțeles că da. Doar că vreau să fie realiști în privința scopurilor de atins, deoarece așteptările nerealiste provoacă multă durere, suferință și eșecuri. De asemenea, ne fac să renunțăm mult prea repede la încercarea de a fi mai calmi, devenind sceptici și ajungând la concluzii precum „E evident că nu-s făcut să fiu un părinte calm". Nu-i adevărat. Toată lumea poate să fie mai calmă, dar nimeni nu poate să fie calm tot timpul (și nici măcar în majoritatea timpului).

Un lucru pe care pot să ți-l spun cu siguranță, indiferent cât de mult ai asimilat mesajele din această carte, e că îți vei mai pierde cumpătul. Vei mai țipa la copiii tăi. Te vei lupta în continuare cu furia și frustrarea. Toate acestea sunt inevitabile. Nu ai fi om dacă n-ai avea răbufniri. Nu înseamnă că ești un părinte rău. Nimic din toate acestea nu e dăunător pentru copiii tăi dacă faci două lucruri simple: îți ceri scuze și înveți din greșelile tale. Pe acești doi pași ne vom axa în acest capitol – sau, mai degrabă, pe modalitățile de a îmbunătăți situația când, inevitabil, vei greși!

Înțelege cercul „țipete/vindecare"

În anii '70 și '80, psihologul american Ed Tronick s-a concentrat pe lucrul cu copii mici și părinții lor, studiind efectele așa-zisei ajustări (capacitatea părinților de a anticipa, observa și răspunde nevoilor copiilor) și modul în care această interacțiune cu dublu sens (modul în care copilul își comunică nevoile și percepția părintelui asupra lor și reacțiile sale) afecta starea emoțională a copilului.[1] Tronick a presupus că dezvoltarea emoțională a copilului va fi cu atât mai bună cu cât e mai sincronizată diada părinte–copil. Însă această dezvoltare emoțională pozitivă nu se produce doar dacă un părinte e mereu calm; copiii sunt incredibil de rezistenți dacă au parte de un nivel bun de conectare cu părintele (sau cei care-i au în grijă).

Ce înseamnă acest lucru, mai exact? Înseamnă că e în regulă să faci greșeli atâta timp cât înțelegi starea copilului și îl ajuți să se simtă mai bine dacă – mai exact spus, când – l-ai supărat. Este vorba adeseori despre așa-zisul cerc „ruptură/reparație". Când ne pierdem inevitabil cumpătul și țipăm la copiii noștri, provocăm o ruptură în relația cu ei, dar conectarea cu ei ne permite să vedem suferința pe care am provocat-o și ne îndrumă să reparăm ruptura, prin crearea unui spațiu vindecător. Eu, una, prefer să numesc acest efect cercul „țipete/vindecare", deoarece, chiar în timp ce ridic vocea și mă înfurii, îmi amintesc că putem în continuare să ne vindecăm. Că pot să îndrept lucrurile. Nu-i totul pierdut. Vindecarea e mereu posibilă.

O serie de studii publicate în 2019 au arătat că părinții trebuie să ofere o bază consistentă și sigură sau să răspundă nevoii de atașament a copiilor în doar 50% din timp pentru ca aceștia să crească cu un atașament securizant și echilibrați emoțional.[2] Având în vedere că citești această carte, sunt destul de sigură că te descurci mai bine decât 50%. De fapt, mă întreb dacă titlul cărții n-ar trebuie să fie, de fapt, *Cum să fii un părinte suficient de calm*. E mai realist, deși nu s-ar vinde la fel de bine, pentru că trăim într-o societate care ne împinge să țintim spre ce-i mai bun, și nu spre „suficient de bun".

Cum îți ceri scuze față de copii

Mi se pune mereu această întrebare când discut despre cercul „țipete/vindecare" cu părinții. Trăim într-o cultură în care foarte puțini adulți își cer scuze copiilor. Cel mai probabil, nimeni nu și-a cerut scuze față de noi când eram copii, mai ales dacă am fost crescuți cu ideea (frecventă) că „oamenii mari au întotdeauna dreptate". Doar că nu-i adevărat.

Ne cerem scuze altor adulți, așa că de ce nu ne-am cere scuze copiilor? Adulții greșesc tot timpul. Chiar cred că e de importanță vitală să greșim ca părinți, pentru că, dacă n-am face-o, n-am avea un motiv să le cerem scuze copiilor și, prin urmare, aceștia n-ar mai învăța cum să procedeze atunci când greșesc și-ar trebui să-și ceară scuze. E straniu că adultul îi forțează adesea pe copii să-și ceară scuze pentru boacănele lor, deși ei n-au primit nici o scuză de la un adult. Cum ne așteptăm să învețe? Dacă vrem să creștem copii care știu să-și ceară scuze, și cu sinceritate, trebuie să ne cerem scuze față de ei. Iar pentru asta, trebuie mai întâi să greșim.

Așadar, cum ne cerem scuze? Mai întâi ar trebui să vedem ce urmărim prin acest gest. O scuză e un mod de a recunoaște că ai făcut o greșeală, exprimând căință și vindecând o relație. Prin urmare, scuzele, dacă vrei să însemne ceva, ar trebui să fie formate din trei părți:

1. **Fii conștient de greșelile tale și asumă-ți-le**: înseamnă să recunoști față de tine, înainte să recunoști față de copilul tău, că „Da, am greșit" sau „N-ar fi trebuit să spun/fac asta".

2. **Simte și exprimă părere de rău pentru vorba/purtarea ta**: ca părinți, cred că toți ne simțim prost pentru ce am făcut, dar adeseori nu știm cum să verbalizăm acea părere de rău. Poate fi simplu: „Îmi pare rău pentru ce am spus", „Îmi pare rău că am fost furios pe tine", „Îmi pare rău că am țipat la tine". Aici ajută și să recunoști cum ți-ai făcut copilul să se simtă, continuând: „Cred că te-am speriat tare", „Văd cât de mult te-am supărat", „Te-am făcut să fii trist și să plângi". Această recunoaștere a sentimentelor copilului tău ajută la validarea experienței sale și la dezvoltarea emodiversității. De asemenea, îi transmite că ești conștient de consecințele acțiunilor tale și-ți pasă de sentimentele lui.
3. **Repararea rupturii sau vindecarea relației după țipete**: aici nu există reguli, poți aplica ce-i mai potrivit pentru tine și copiii tăi. De obicei, o îmbrățișare strânsă e bine primită, poate niște vorbe frumoase sau o activitate împreună, pentru a suda legătura. Dacă nu știi cum să repari relația, întreabă-ți copilul ce poți să faci.

Dacă ai crescut într-un mediu în care lumea nu-și cerea scuze, te poți simți nelalocul tău și încordat când îți ceri prima oară scuze de la copil, e firesc să se întâmple așa. Nu uita, omul cât trăiește-nvață!

Scuze și puneri în gardă

Uneori, suntem conștienți că ne simțim obosiți și lipsiți de răbdare înainte să se producă țipetele și ruptura. Suntem norocoși când se-ntâmplă astfel, și putem deține tot mai des controlul dacă suntem atenți la ce simțim. Vom reuși astfel să le dăm copiilor și partenerilor noștri, prietenilor, părinților și celorlalți adulți un semnal din timp cu privire la ruptura ce se anunță. E ca și cum am avea o alarmă de cutremur sau uragan, devenind conștienți de frământările interioare de frustrare și furie și avertizându-i pe cei din jur că răbufnirea e iminentă. Le dă ocazia să-ți ofere spațiu, iar tu vei putea să-ți gestionezi trăirile înainte să răbufnești. Dacă remarci că răbdarea ți-e la limită, dacă ai avut o zi/săptămână grea și nu poți face față copiilor pe moment, cel mai bun lucru e să-i avertizezi. Spune-le că ți-e greu în clipa de față și cere-le în avans răbdare și înțelegere. Cum arată asta în realitate?

- „Azi mă simt foarte frustrat și furios. Am nevoie de puțin spațiu și liniște, și-mi pare rău dac-o să țip la tine."
- „Sunt foarte obosită și mi-e greu să fac față situației. În caz că explodez, să știi că n-are legătură cu tine, și-mi pare rău dac-o să mă înfurii. Te iubesc mult!"

Aceste scuze și atenționări în avans ale unor răbufniri preconizate sprijină atașamentul copiilor și asigură conexiunea, chiar dacă urmează o explozie. Bineînțeles, dac-o să aibă loc, trebuie să-ți ceri scuze și după, dar e posibil să descoperi că avertismentul în avans e suficient să declanșeze o mică schimbare în comportamentul copiilor, ca să se evite o posibilă criză. Cu atât mai mult în cazul copiilor mai mari, dar e foarte posibil și dacă sunt mici. Un avertisment în avans o să-i ajute să-ți înțeleagă emoțiile și să-și dea seama că cele dificile nu reflectă ce simți pentru ei.

De ce trebuie să avem așteptări realiste de la copiii noștri

Am spus de la bun început că aceasta nu se dorește a fi propriu-zis o carte de parenting și, prin urmare, nu m-am concentrat pe comportamentul copilului ca fiind o cauză a furiei părintelui. Vreau totuși să ating o idee extrem de importantă, pe care cred că toți părinții ar trebui s-o înțeleagă ca să fie mai calmi: și anume, că cea mai mare parte a societății are așteptări cu totul nerealiste de la comportamentul copilului.

Ce se întâmplă când așteptările pe care le avem legate de comportamentul copilului sunt nerealiste, fie că e vorba de somn, mâncat, vorbe sau acțiuni către noi sau alții? Pe scurt, ne vom simți permanent dezamăgiți și ne vom îndoi de capacitățile noastre ca părinți. Dacă cerem prea mult de la copii și ne așteptăm la acțiuni și comportamente care nu se potrivesc cu vârsta și abilitățile lor, atunci vom „eșua“ în a-i face să se poarte așa cum vrem, iar misiunea noastră de părinți va deveni mult mai stresantă.

Să avem așteptări realiste, potrivite ca vârstă, de la copiii noștri e foarte important dacă vrem să fim mai calmi. Altfel spus, nu te aștepta ca bebelușii să doarmă toată noaptea, copiii să nu facă crize, să fie politicoși și să nu-ți răspundă urât, adolescenții să-și mențină camera curată. Evident, nu înseamnă să-i crești fără să le impui o anumită disciplină sau anumite limite. Ele sunt importante, dar trebuie stabilite cu atenție și într-un mod informat, înțelegând cum se cuvine dezvoltarea copilului și a capacităților sale cognitive.

Ce spun părinții

Am vorbit cu câțiva părinți despre așteptările pe care le au de la comportamentul copiilor lor și felul în care le-au influențat acestea abilitatea de a rămâne calmi. Iată ce mi-au spus:

> Să înțelegi câte ceva despre dezvoltarea copilului și lucruri precum controlul impulsurilor te ajută să nu iei la modul personal felul în care se poartă. Pe mine mă ajută să rămân calmă sau să mă liniștesc mai repede când mă irită purtarea copilului meu!
>
> Dacă sunt stresată din cauza comportamentului său, încerc să-l reinterpretez în funcție de nivelul său de dezvoltare și îmi stabilesc alte așteptări. Sau înțeleg motivele pentru care se poartă astfel. Sunt mult mai tolerantă când pot să înțeleg.
>
> Sunt mult mai nervoasă când citesc ceva și ajung să am întrebări legate de ce ar trebui să facă copilul meu, dar nu face. Mă simt frustrată de mine, pentru că nu sunt un părinte suficient de bun, și de copilul meu, pentru că nu se poartă cum trebuie.
>
> Dacă te asiguri că așteptările pe care le ai de la copilul tău se potrivesc vârstei lui, iei multă presiune de pe tine ca părinte, deoarece îți dai seama că se poartă pur și simplu ca un copil, nu ca să te enerveze pe tine, și asta e mult mai ușor de înțeles.

Dislocarea emoțională

Ți-ai pierdut vreodată cumpătul față de copil din cauza unui lucru mărunt? Poate a refuzat să-și strângă jucăriile când i-ai cerut asta, iar tu ai țipat la el ca și cum ar fi un ucigaș în serie? Momentele astea sunt înfricoșătoare. Nu doar pentru copiii noștri, ci și pentru noi. Nu mi-e rușine să recunosc că m-am speriat de mai multe ori ca părinte, cu un temperament atât de vulcanic și scăpat de sub control, că am început să mă întreb dacă nu cumva sunt nepotrivită să fiu mamă, de teamă să nu le transmit și lor inabilitatea de a se controla.

Ce trebuie să înțelegem e că, de obicei, momentele acelea nu spun nimic despre noi și (in)capacitatea noastră de a rămâne calmi, nici nu semnalează vreun eșec fenomenal ca părinte. De obicei, când reacția noastră e complet disproporționată față de purtarea copilului, trecem prin așa-numita „dislocare emoțională“, fenomenul care se întâmplă când reacția noastră e cu totul exagerată, pentru că e legată de cu totul altceva. Sau, cu alte cuvinte, nu reacționăm la ce a spus/făcut copilul, ci la anxietatea, îngrijorarea sau stresul provocate de altceva, de lucruri care s-au tot strâns de-a lungul timpului. Răspunsul la această problemă comună are două părți:

1. Ideal ar fi să nu lăsăm acești factori de stres să se tot adune, ci să devenim conștienți de ei și, cel mai important, să-i rezolvăm înainte să devină insurmontabili. Dacă nu reușim să-i rezolvăm până să răbufnim, e nevoie să recunoaștem problema când explodăm și după, străduindu-ne să rezolvăm cauza de fond.
2. „Țipăm și vindecăm“ sau „rupem și reparăm“. Ne cerem scuze copiilor: îi alină, și astfel reparăm și refacem relația cu ei.

Dislocarea emoțională e înfricoșătoare fără doar și poate, însă nu pretinde o soluție specială secretă. E nevoie de empatie, sprijin și înțelegere, nu doar pentru copiii noștri, ci și pentru noi înșine.

Cum să rămâi calm în circumstanțele speciale

Când am început să scriu la această carte, am întrebat o serie de părinți ce subiecte i-ar interesa să tratez. Mulți au vrut să afle „cum să gestioneze situația în circumstanțe speciale" sau când e o situație de fond complicată, care îi împiedică să fie calmi. Printre acestea se numără și:

- divorțul sau separarea;
- mutatul în altă casă;
- schimbarea locului de muncă sau întoarcerea la serviciu;
- problemele de sănătate mintală ale copilului;
- problemele de sănătate mintală ale părintelui;
- parcurgerea de către copil a unor tranziții mari (de exemplu, începerea școlii, facultății etc.);
- boala unor prieteni sau rude (inclusiv a copilului);
- boala părintelui;
- doliul după moartea cuiva drag;
- afecțiunile neuropsihice ale copilului (și provocările și criticile venite din partea altora din cauza comportamentului său);
- afecțiunile neuropsihice ale părintelui;
- sindromul de stres posttraumatic de după naștere, în cazul mamelor;
- pierderea anterioară a altui copil;
- probleme hormonale, în cazul mamei (de exemplu, postnatale sau premenstruale).

Bineînțeles, această listă nu e exhaustivă, și cred că e important să subliniez că nu tot ceea ce i se pare dificil/ușor unui părinte poate să i se pară la fel și altuia.

Ce spun părinții

Am vorbit cu mai mulți părinți despre dificultățile pe care le întâmpină când vor să rămână calmi în împrejurări dificile. Iată ce mi-au spus:

Mi-e greu din cauza hormonilor. Dintotdeauna am avut probleme cu durerile din timpul ciclului și cu tensiunea pre- și postmenstruală. În perioadele astea, mi-e greu să nu țip și să rămân calmă. Cred că în asemenea momente mă îndoiesc de mine. Ajung să fiu nevoită să-mi aloc timp pentru mine, ceea ce înseamnă că niciodată nu apuc să mă bucur de timp pentru mine în perioadele normale.

Am avut sarcini pline de anxietate cu copiii mei care au trăit, după ce primul meu bebeluș a murit. Să fii părinte după o astfel de pierdere înseamnă un plus de stres, vinovăție, teamă și așteptări nerealiste, pe care a trebuit să le analizez și să le elimin ca să scap de furie și resentimente. A trebuit să învăț să-mi gestionez anxietatea și să încep să mă vindec, dându-mi voie să sufăr. Un citat m-a ajutat mult: „Am stat îndeajuns cu furia mea, până mi-a spus că numele ei adevărat e suferință".

Mi-a fost greu din cauza sindromului de stres posttraumatic, după o naștere traumatizantă. Orice formă de suprasolicitare, atingeri sau zgomote declanșează sirenele din capul meu, și simt că nu mai rezist.

Sufăr de boli cronice, așa că, atunci când am dureri mari sau sunt extrem de epuizată, reacționez mult mai impulsiv.

Încă jelesc pierderea tatălui meu, dar viața merge mai departe, ca și cum el n-a existat.

Cele mai mari probleme le am cu factorii de stres externi, precum finanțele, grijile de acasă și problemele de la muncă.

Mi-e greu să gestionez sănătatea mintală a mamei mele. Deseori, e suicidară. Nu pot să gândesc limpede, pentru că știu că nu pot s-o ajut, și am propriii mei copii care au nevoie de mine.

Mi-e greu pentru că mi-am pierdut mama în urmă cu 10 luni și nu-mi mai este alături. Mi-e greu și pentru că nu am timp departe de copii, ca să-mi pot duce doliul.

Am un copil cu nevoi speciale și mă afectează când oamenii din public se uită și sunt critici când are crize. În mod normal, aș încerca doar să-l calmez, dar aproape că simt o presiune să-l cert.

Ca mamă singură, problemele financiare sunt mereu problema de fond, ceea ce-mi creează un stres pe care nu-l pot ascunde când sunt pe lângă fiul meu.

Am rămas văduvă brusc, când fiul meu avea aproape trei ani. Mi-a fost foarte greu să-mi păstrez calmul, când emoțiile mele erau haotice, iar angoasa era la cote maxime; ridicam frecvent vocea. Tristețea, lipsa somnului, lipsa sprijinului familiei și restricțiile din timpul pandemiei au fost copleșitoare. Eram pustiită.

Ca mamă suferind de o boală autoimună, mă lupt constant cu epuizarea și simt că dau chix ca mamă. Mă străduiesc să trag mai departe, dar oboseala mă termină, așa că nu reușesc să-mi îndeplinesc scopurile pe care mi le-am stabilit. Prin urmare, îmi pierd calmul din cauza frustrării și mă port urât, iar asta nu face decât să-mi întărească senzația de eșec.

Pentru mine a fost foarte dificil să am grijă de copii după ce am primit de curând diagnosticul de cancer și am început tratamentul. Eram mai irascibilă decât de obicei, mai ales în perioadele de neliniște (când așteptam rezultatele diverselor investigații medicale). Am mai trecut și printr-un doliu în familie, aveam un copil cu afecțiuni neuropsihice, ne-am mutat în altă casă, am întâmpinat probleme cu banii și altele. Sunt lucruri care ne împiedică să ne păstrăm calmul. Sugestia mea? Cam ce am sugerat pe parcursul întregii cărți:

1. Fii atent la factorii declanșatorii și la modul în care te afectează.
2. Cere ajutor sau acceptă o mână de ajutor, când ți se oferă.
3. Fii conștient de cât poți duce și nu întinde prea mult coarda. Trebuie să știi când să spui „Stop, nu mai pot". Evită să le faci pe plac oamenilor, străduiește-te să trăiești autentic și să te ocupi de nevoile tale.
4. Nu te mai compara cu alții. Renunță la perfecționism.
5. Străduiește-te să fii bun cu tine însuți.
6. Bazează-te pe cele mai empatice și apropiate relații/prietenii sau leagă altele noi, cu oameni care înțeleg prin ce treci.
7. Revizuiește-ți așteptările față de copilul tău, ca să se potrivească cu vârsta lui.

8. Revizuiește-ți așteptările pe care le ai de la tine, în funcție de situația prin care treci (e în regulă să țintești să fii calm în 50% din timp, sau chiar și mai puțin, în momentele dificile).
9. Cercul „ruptură/reparații“: recunoaște-ți greșelile, cere-ți scuze față de copilul tău și îndreaptă lucrurile după aceea.
10. Ai încredere că o să treci peste asta și concentrează-te pe scopul tău, acela de a deveni un părinte mai calm. Dacă poți să depășești zilele cele mai întunecate, poți să treci prin orice!

Resurse vei găsi la p. 213: s-ar putea să-ți fie utile dacă treci prin vreuna din circumstanțele speciale menționate aici.

Cum arată drumul spre a deveni un părinte mai calm?

Îmi place să compar această aventură cu parcurgerea unui tunel lung și întunecat, adeseori înfricoșător. Tunelul e locul unde devenim conștienți de reacțiile, gândurile și senzațiile noastre. E locul unde ies la suprafață sentimente dureroase din copilărie, un loc al amintirilor și temerilor reprimate. Este înspăimântător, dar trebuie să trecem prin asta dacă vrem să ajungem la lumina din capăt. Și este inevitabil, dacă ne dorim să devenim mai calmi. Uneori, e posibil să ne simțim captivi sau claustrofobi acolo, sau poate simțim nevoia să fugim înapoi la început, dacă ni se pare prea înfricoșător ce avem de înfruntat. Alteori, poate că avem nevoie de un imbold care să ne încurajeze să mergem mai departe, dar trebuie să înfruntăm tunelul, dacă vrem să trecem dincolo de el.

Ce se întâmplă după ce am trecut în siguranță prin tunel? Aș vrea să-ți pot spune că treaba ta se termină acolo, dar nu e așa. În clipa în care ieșim din tunel, aflăm că totul a fost de fapt începutul unui roller-coaster. Luăm o scurtă pauză, tragem adânc în piept aerul proaspăt, simțim căldura soarelui pe piele, după care începe călătoria. Mai trecem poate prin mai multe tuneluri, mai facem câte o buclă, poate chiar dăm cu spatele. Ca și în viață, trenul merge mai departe, depășind obstacolele și parcurgând suișuri și coborâșuri. E de așteptat un drum mai ușor și mai lin spre a deveni părinți mai calmi? Nicidecum. Din nou, dacă ne așteptăm ca totul să fie simplu și drept, după o perioadă de strădanii vom fi dezamăgiți și dezorientați și, cel mai probabil, vom renunța. Dar dacă pornim la drum așteptându-ne la o călătorie cu suișuri și coborâșuri, dacă suntem conștienți că efortul nu se termină niciodată, sunt șanse mai mari să nu ne dăm bătuți.

Tehnici de a gestiona situațiile cu mai mult calm

Ai citit vreodată un articol cu sfaturi care te învață „cum să fii un părinte mai calm"? Cel mai probabil, era plin de sugestii precum „ieși la plimbare", „meditează", „fă exerciții de respirație". Aceste tehnici pot să ajute, dar trebuie să recunoști că sunt soluții pe termen scurt, inutile în situațiile mai grave. Nu te vor scuti de efortul necesar pentru a trece prin tunel, nici n-o să te-ajute să-ți înfrunți demonii, dar poate că vor mai reduce din intensitate „în momentele critice". Din acest motiv, voi prezenta în continuare câteva tehnici care mi-au fost de ajutor mie. Înainte de asta însă, iată câteva sfaturi de la alți părinți:

Ce spun părinții

Când i-am întrebat pe părinți cum au procedat în clipele dificile, am primit multe idei minunate. Iată câteva din preferatele mele:

> Beau ceva cald și-mi acord o scurtă pauză, ca să-mi adun gândurile.
>
> Am remarcat că, atunci când sunt mai atentă la ce e în jur, mă simt mai calmă. Încerc să-mi reamintesc că acești omuleți nu vor rămâne micuți pentru totdeauna.
>
> Rugăciunile mă ajută când sunt pe punctul de a-mi ieși din pepeni.
>
> Meditez de mult timp, dar pur și simplu nu găseam timp pentru meditație, așa că am învățat să-mi iau pauze de două minute, de

„autoapreciere“, sau pauze de respirație conștientă. Mă ajută mult să rămân calmă.

Încerc să petrec timp afară, cu alți oameni (pe cât posibil), stau întinsă sau dorm la prânz când pot.

Am descoperit că mă ajută să îndepărtez elementele ce distrag atenția și stimulii senzoriali, ca de exemplu zgomotul și lumina.

Vorbesc cu copilul meu despre emoțiile puternice pe care le simt, ca să fie conștient că și adulții se simt copleșiți.

Am nevoie periodic de timp departe de responsabilitățile mele, ca să pot fi eu însămi. Chiar și cinci minute pe zi mă ajută să mă simt mai echilibrată și mai calmă.

Îmi amintesc să „nu-mi bat capul cu nimicuri“.

Mă ajută să-mi repet că „nu au cerut să se nască“, deoarece îmi reamintește că eu sunt adultul și trebuie să-mi controlez emoțiile.

Încerc să mă văd prin ochii lor. Nu vreau ca la maturitate să aibă amintiri urâte cu mine.

Mereu am în minte expresia „alege-ți bătăliile“, care-mi reamintește să privesc lucrurile în perspectivă și că ceea ce se întâmplă nu e probabil ceva pentru care merită să mă stresez.

Recunoașterea furiei sau a stresului ajută. Recunoașterea lor și pauzele de cinci minute, pentru respirat adânc sau, și mai bine, pentru meditație, mă ajută să mă simt mai calmă.

O ședință scurtă de exerciții fizice intense mă readuce cu picioarele pe pământ și mă ajută să gândesc mai clar.

În fiecare seară, fac un duș fierbinte, ca să „spăl ziua de pe mine“. Mă ajută să-mi schimb starea de spirit.

Când copiii devin arțăgoși, de obicei înainte de cină, pun muzică și dansăm pe cântecele noastre preferate! Asta m-a ajutat să trec, la propriu, prin carantină, și e activitatea preferată când mă simt copleșită.

Uneori, când simt că mă apucă furiile, îmi place să recurg la joacă, în loc de frustrare. Devin monstrul gâdilatului și parcă se risipește orice tensiune când îi aud râzând sau punând muzică și dansând.

Exerciții: Cum să faci față momentelor critice

Ca și în capitolele anterioare, voi prezenta câteva exerciții concrete și practice pe care să le folosești, de astă dată concentrându-ne pe scopul de a rămâne calmi în mijlocul unei furtuni de emoții puternice și complicate, atât dinspre tine, cât și dinspre copii. Secretul e să practici exercițiul atunci când te simți calm. Dacă ești obișnuit cu o tehnică și poți s-o aplici cu ușurință în momentele de liniște și pace, sunt șanse mai mari să funcționeze când treci prin momente critice și ești stresat.

EXERCIȚIUL 1: Cinci benzi

Pune cinci benzi roșii (elasticele de păr funcționează foarte bine) pe încheietura mâinii drepte. De fiecare dată când îți învingi furia în reacțiile față de copil, mută o bandă pe mâna stângă. Scopul este ca până la sfârșitul zilei să le muți pe toate cinci pe încheietura stângă; oricum, indiferent câte vor fi la final, tot e cazul să sărbătorești!

EXERCIȚIUL 2: Imaginează-te într-un spațiu preferat

Închide ochii și imaginează-ți că te afli în locul tău preferat: o plajă, o pădure, un munte, orice spațiu unde te simți calm, fericit și relaxat. Rămâi acolo un minut sau două, când ai cel mai mult nevoie de pace.

EXERCIȚIUL 3: Poartă un costum calm

Imaginează-ți o persoană mereu calmă și relaxată. Imaginează-ți că pășești în corpul ei și o „îmbraci“ ca un costum. Simte cât de calm e totul și lasă pacea să-ți intre prin toți porii. Gândește-te cum ar putea să reacționeze ea la situațiile care te înfurie.

EXERCIȚIUL 4: Descarcă-te

Sună un prieten sau stai de vorbă cu alți oameni pe internet, într-un grup de discuții. Grupul meu, Gentle Parenting, de pe Facebook, e plin de părinți înțelegători, care nu judecă și care te vor asculta (v. Resurse, p. 213).

EXERCIȚIUL 5: Ia o pauză

Ia o pauză de la copii. Dacă poți s-o faci în siguranță, lasă-ți copiii și petrece un minut sau două singură într-o cameră, până te simți ceva mai calmă.

EXERCIȚIUL 6: Ieși afară

Nu contează cum e vremea. Pune-ți o haină de iarnă sau de ploaie, sau scoate-ți pălăria de soare și ochelarii, și ieși să te plimbi afară timp de zece minute. Inspiră aerul proaspăt și simte pe piele soarele, ploaia sau zăpada.

EXERCIȚIUL 7: Fă mișcare

Pune-ți pantofii de sport și ieși să alergi, deschide radioul sau dă drumul la televizor pe un post de dans și dansează prin bucătărie. Pur și simplu mișcă-te și simte cum frustrările îți părăsesc corpul, cu fiecare mișcare de picioare, cu fiecare legănat de brațe sau șolduri.

EXERCIȚIUL 8: Țipă

Du-te într-un loc izolat și țipă, ca să scapi de tensiune.

EXERCIȚIUL 9: Oferă îmbrățișări

Dă-le copiilor, partenerului sau chiar și unui urs de pluș din copilărie o îmbrățișare strânsă și simte efectele relaxante ale oxitocinei pe care o eliberezi.

EXERCIȚIUL 10: Folosește-ți simțurile

Găsește cinci lucruri pe care le vezi acum, apoi patru lucruri diferite pe care poți să le atingi, trei lucruri diferite pe care poți să le auzi, două pe care poți să le miroși și unul pe care poți să-l guști, ca să te înrădăcinezi în prezent.

EXERCIȚIUL 11: Fă curățenie

Varsă-ți nervozitatea pe vasele murdare, pe plintele pătate, pe aragazul unsuros. Nu numai că vei fi mai calmă, dar vei avea și o casă mai curată!

EXERCIȚIUL 12: Plângi

Nu, nu e o încercare ciudată de a adormi un bebeluș! Dacă plângem când suntem stresați, nu numai că scăpăm de emoțiile reprimate, dar eliberăm și cortizon, hormonul stresului. Plânsul e incredibil de vindecător.

Poate ai modul tău unic de a regăsi calmul în momentele stresante? Frumusețea în găsirea propriilor tehnici stă în aceea că, deseori, devin tradiții de familie, trecând de la o generație la alta, ca moduri sănătoase de a gestiona emoțiile dificile. Așa că, orice tehnică ai folosi, nu e utilă doar pentru tine, ci și pentru copiii tăi. Pentru că și în perioadele stresante tot le suntem un exemplu. Se poate spune că nu e nimic mai valoros pentru ei decât să vadă cum ne gestionăm cu succes emoțiile puternice, fiindcă, până la urmă, așa vor învăța și ei să-și gestioneze emoțiile.

Pe scurt

Vreau să închei acest capitol cu un rezumat al celor mai importante idei legate de gestionarea crizele noastre ca părinți și de repararea daunelor produse:

- Toți părinții greșesc. Toți părinții au crize. E inevitabil să-ți pierzi cumpătul. E inevitabil și n-ar trebui să o iei ca pe un eșec personal atunci când se întâmplă.
- Părinții care au grijă de legătura lor cu copiii – care dau dovadă de un stil blând, înțelegător și încurajator, cu empatie și respect – îi protejează de orice greșeli ar face. Nu trebuie decât să fie „suficient de buni“ și s-o nimerească 50% din timp, ca să crească copii echilibrați emoțional și cu un atașament sănătos.
- Când ne pierdem cumpătul și țipăm la copii, provocăm o ruptură în relația cu ei. Însă putem s-o reparăm, nu

e ruptă pentru totdeauna. După ce am ridicat vocea, e momentul să ne concentrăm pe vindecare.

- Ne reparăm relațiile cerându-ne scuze copiilor noștri și îndreptând lucrurile. Totul începe cu recunoașterea greșelilor noastre.
- E important să greșim ca părinți, altfel copiii nu vor ști cum să repare o ruptură sau cum să-și ceară scuze cu sinceritate. Aceste perioade dificile sunt momente din care și copiii, și noi învățăm câte ceva.
- Călătoria spre atingerea calmului poate să fie înfricoșătoare, ca printr-un tunel lung și întunecat. Poate suntem tentați să ne întoarcem din drum sau să renunțăm când situația pare prea dificilă, dar lumina e la celălalt capăt, trebuie să mergem mai departe.
- Chiar și după ce trecem de tunel și devine mai ușor să fim calmi, ne aflăm în continuare într-un roller-coaster, cu suișuri, coborâșuri și răsturnări neașteptate. Să devii mai calm e o aventură care nu se termină niciodată. Mereu se vor găsi noi obstacole în cale, și e normal să se întâmple așa. Nu trebuie decât să recunoaștem că și coborâșurile sunt parte din aventura vieții. Nu am făcut nimic greșit.

Vreau să închei acest capitol cu un citat al unui filozof faimos și foarte înțelept, Big Bird, din *Sesame Street*, care spunea: „Toată lumea are zile proaste. Când tu ai o zi proastă, fă tot ce ține de tine – și nu lăsa o zi proastă să te facă să ai o părere proastă despre tine“.

Acest capitol avea trei scopuri: 1. Să te ajute să înțelegi că *toți* părinții greșesc. Nu e nimic nemaivăzut în obstacolele cu care te confrunți. 2. Să te ajute să înțelegi că greșelile nu sunt sfârșitul poveștii. Copiii sunt rezistenți și pot face față greșelilor noastre. De fapt, pot chiar să învețe din ele. Și, într-un final, 3. Să te ajute să accepți faptul că ești un părinte *grozav*, chiar dacă bănuiesc că nu te simți prea grozav. Chiar e momentul să nu te mai simți prost pentru felul în care ești croit și să pui în practică ce ai învățat. Am încredere că poți s-o faci.

CAPITOLUL 11

Cele șapte reguli de aur pentru a fi un părinte mai calm: Recapitulare și o notă de final

În încheierea acestei cărți, voi recapitula cele „Șapte reguli de aur ca să devii un părinte mai calm“, pentru a-ți împrospăta memoria înainte să pornești la drum. Sper că acum, cu toate cunoștințele pe care le-ai acumulat din capitolele precedente, aceste reguli vor fi mai clare și vor avea mai mult sens. Poate e una care ți se potrivește mai bine? Sau una care simți că se potrivește mai bine cu momentul din viață în care te afli, cu contextul tău actual de părinte? Iată așadar cele șapte reguli:

1. **Stă în puterea oricărui părinte să fie mai calm.** Nu e nevoie de trăsături de personalitate aparte. Sigur că, dacă ai o personalitate mai flegmatică, deja ți-e mult mai ușor, dar cu toții ne putem îmbunătăți viața făcând schimbări cu impact pozitiv, indiferent de situația noastră particulară.

2. **Toată lumea își pierde cumpătul câteodată.** Nimeni nu e calm tot timpul – și nici nu-i nevoie să fie. Să coborâm puțin ștacheta așteptărilor legate de ceea ce putem realiza, nu trebuie să ne comparăm „sinele interior“ (gândurile și sentimentele noastre cele mai intime) cu „sinele exterior“ al celorlalți (aparențele lor atent șlefuite). Nu ești singurul pe lumea asta care se enervează, toți părinții au câteodată purtări de care mai apoi se rușinează. E nevoie să ne străduim cu toții să ne păstrăm cumpătul, dar chiar și

atunci când ne enervăm nu înseamnă că valorăm mai puțin sau că ne lipsește voința, și în mod sigur nu înseamnă că am fi mai răi decât oricare alt părinte.

3. **Nici un părinte nu trebuie învinovățit că nu-și poate păstra calmul.** Citește fraza din nou și nu te mai învinovăți. Părinții poartă o imensă povară de vinovăție și se învinovățesc imediat când sunt furioși sau irascibili cu copiii lor. Dar nu e vina lor. Felul nostru de a reacționa e un rezultat al modului în care am fost crescuți, al situațiilor în care ne aflăm și al relațiilor pe care le avem cu alții. Nu te întreba „ce e în neregulă cu mine?", ci privește-te ca o combinație a lucrurilor care ți s-au întâmplat și a mediului în care existi. Nu ești defect. Iar vestea bună e că poți să controlezi modul în care procesezi aceste experiențe și impactul pe care-l au asupra viitorului tău.

4. **N-o să scapi de multitudinea de trăiri intense.** Scopul tău nu e să scapi de sentimentele puternice, ci doar să le gestionezi într-un mod mai sănătos. O să simți în continuare furie, frustrare, îngrijorare și dezamăgire, atât legate de tine, cât și de copiii tăi, și e perfect normal. Toate sentimentele sunt în regulă. Pe scurt, secretul pentru a deveni mai calm e să le dai voie acestor sentimente puternice să se manifeste, să le accepți și să transformi reactivitatea în responsivitate: să creezi un spațiu între acțiunile copilului tău, trăirile tale și răspunsul tău. Atingerea stării de calm ține de cunoașterea de sine, de acceptare și iertare. Nu ți se cere să te transformi într-un robot lipsit de emoții.

5. **Greșelile tale nu anulează tot ce-ai făcut bine înainte.** O zi proastă e doar atât: o zi proastă. Asta nu te face un om rău sau un caz fără speranță, nici chiar dacă ziua proastă se întinde pe săptămâni, luni sau ani. Nu înseamnă că-ți sunt anulate toate eforturile pe care le-ai făcut până atunci pentru a deveni mai calm, și nici nu-ți sunt șterse cu buretele toate zilele bune. La fel, nu are nici un impact asupra a ceea ce poți realiza pe viitor. Drumul spre a deveni un părinte mai calm e plin de suișuri și coborâșuri.

Vei mai face greșeli. Uneori vei simți că ai făcut un milion de pași înapoi, dar nu te lăsa bătut: mergi mai departe și împacă-te cu ideea că drumul va fi sinuos. Viața înseamnă provocări, la fel și schimbarea adevărată.

6. **Drumul către starea de calm ia timp.** Asigură-te că ți-ai fixat țeluri realiste. N-o să te schimbi peste noapte și nici măcar într-o lună sau două. Va trebui să depui eforturi pentru tot restul vieții tale, și merită, pentru că până și o schimbare mică de tot înseamnă schimbare. Chiar dacă pare un clișeu, o mie de pași mici o să te ducă mai departe decât un salt. Dăruirea și consecvența sunt secretul în acest sens. E mai bine să faci schimbări mici, în mod repetat, decât câte un avânt mare spre o schimbare importantă.

7. **N-o să-ți traumatizezi copilul dacă îți pierzi cumpătul.** Asta e probabil cea mai importantă regulă pe care trebuie s-o înveți, pentru că vinovăția pe care o încercăm atunci când greșim poate avea un efect devastator asupra eforturilor noastre ulterioare. Copiii sunt rezistenți, iar greșelile noastre ca părinți îi ajută să crească. Ce contează mai mult e modul în care rezolvi problema după aceea. Capacitatea de a vindeca suferințele provocate de inevitabilii „nervi“ e parte din temelia unui stil mai calm de a ne crește copiii. La fel de importantă e și abilitatea de a învăța cum să diluăm sentimentele de inadecvare și vinovăție care vin la pachet și cum să le transformăm spre beneficiul nostru.

Pe parcursul acestei cărți, am trecut în revistă diverse zone ale vieții noastre, atât din trecut, cât și din prezent, care ne afectează capacitatea de a fi calmi. În capitolul anterior, am prezentat câteva soluții pentru a rămâne calm „în momentele critice“, când simți că-ți pierzi controlul. Secretul e să înțelegi în primul rând care sunt factorii declanșatori și ce anume te împiedică să fii calm. E bine să avem niște mecanisme de apărare, dar trebuie să ne străduim să vedem care sunt cauzele principale și obstacolele din calea noastră, dacă vrem să schimbăm cu adevărat modul în care ne creștem copiii.

Completarea puzzle-ului personal pentru a deveni un părinte calm

Să devii calm e ca un puzzle: nu poți să-l termini cu o singură piesă. Nu există soluții rapide, numai efort, hotărâre și foarte multă răbdare. Ca să termini puzzle-ul, trebuie să te asiguri că ai la dispoziție toate piesele. Calea spre a atinge starea de calm urmează același proces: mai întâi analizăm conținutul cutiei și verificăm să nu lipsească piese, apoi le găsim pe cele mai importante ca punct de plecare. După aceea, piesele rămase trebuie analizate cu atenție, plasate în poziția corectă și aranjate una câte una. Poți să folosești imaginea puzzle-ului ca să te ajute în atingerea calmului.

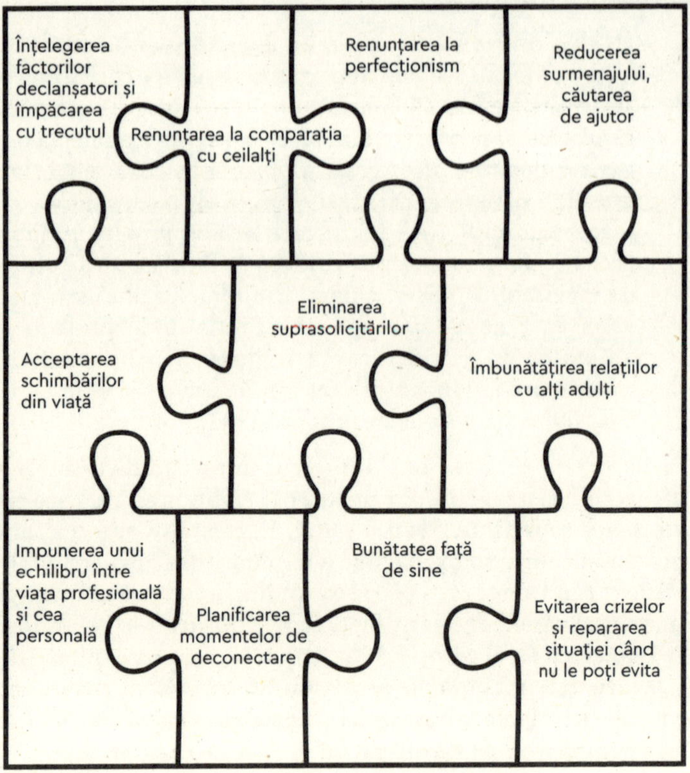

Motivul pentru care părinților le vine greu să rămână calmi și să facă față comportamentului dificil al copiilor e că au trecut cu vederea o piesă din puzzle-ul lor de calm. Marchează pagina și întoarce-te la puzzle în momentele critice. Poți chiar să-ți desenezi propriul puzzle și să colorezi fiecare parte, pe măsură ce simți că ai mai depășit o etapă. E un mod grozav de a-ți urmări progresul și de a ține minte că, așa cum culorile nu dispar de pe foaie dacă se întâmplă să faci o greșeală, nici pierderea controlului din când în când nu anulează strădania și timpul pe care le-ai investit în piese și în puzzle.

Cele șase secrete pentru a fi mai calm

Așa cum ai observat probabil, mai ales dacă mi-ai citit celelalte cărți de parenting, îmi plac acronimele care mă ajută să rețin instrucțiunile și informațiile importante. Acronimul CALMER [„mai calm"] s-ar putea să te ajute să reții secretele pentru a deveni un părinte mai calm:

Cenzurează îndoiala de sine, tendințele autocritice, compararea cu ceilalți și autosabotajul. Stă în puterile tale să devii un părinte mai calm!

Acceptă-te necondiționat, așa cum ești tu, și încearcă să vezi în ce măsură te-a influențat trecutul. Nu e vina ta dacă nu-ți poți păstra mereu calmul. Nu ești un părinte rău.

Lasă-te prins în clipa prezentă. Să devii mai calm înseamnă să fii conștient de modul în care trecutul îți influențează prezentul, dar nu înseamnă să rămâi blocat acolo sau să zăbovești asupra lui. Trăind în prezent, vei reuși să iei aminte și să te concentrezi pe comportamentul și acțiunile tale actuale. De asemenea, te ajută să fii conștient de nevoile tale.

Memorează o reacție sau două la care să recurgi pentru a gestiona momentele critice: repetă-le până intră în reflex. Orice strategie trebuie exersată până devine a doua natură.

Eliberează-te de exces. De ce ai nevoie ca să mai elimini din preaplinul zilei, astfel încât să nu riști să răbufnești într-o criză față de copii?

Reamintește-ți momentele de după ce ți-ai pierdut cumpătul. Ce învățăminte poți desprinde? Ce ai făcut bine? Ce-ai putea îmbunătăți data viitoare? Încearcă să-ți vezi greșelile ca pe niște prilejuri de a învăța ceva nou. Nu stărui asupra ideii de vinovăție: revino-ți și ia-o de la capăt. Avem mereu de învățat, cu toții!

Notă de final

Țin să închei această carte prin a-ți mulțumi: mulțumesc c-ai avut încredere în mine să te sprijin în această călătorie. Mă simt foarte onorată. Am lucrat cu mii de oameni, ca să-i ajut să devină părinți mai calmi și fericiți: e o misiune perpetuu captivantă pentru mine. E minunat să știu că eforturile acestea nu transformă doar viața ta, ci și pe cea a copiilor tăi și a viitorilor nepoți.

Cunosc stresul, îngrijorarea, anxietatea, vinovăția, durerea și sentimentele copleșitoare de inadecvare care vin la pachet cu rolul de părinte. Știu cum e să te simți sleit de puteri, să simți că ai scăpat hățurile nervilor: mi-aș dori ca nimeni să nu încerce asemenea stări. Mai cunosc și pacea cucerită odată ce identifici factorii declanșatori, odată ce răspunzi nevoilor proprii și, într-un final, reușești să fii bun cu tine ca părinte, după luni sau chiar ani în care ți-ai reproșat și te-ai învinovățit pentru (ceea ce percepi tu drept) eșecuri.

Ca și mine, meriți să fii fericit – și meriți să-ți păstrezi calmul în raport cu copiii tăi. Mulți mă consideră un fel de „guru zen". Nu sunt așa ceva. Sunt doar o mamă care a înfruntat multe în viață. Nu sunt mai bună decât tine. Sunt doar puțin mai departe pe drumul acesta – și am încredere că poți să mi te alături și să devii un părinte mai calm.

Note

Capitolul 1

1. Freud, S. „Neurosis and psychosis", *The Standard Edition of the Complete Psychological Works of Sigmund Freud*, vol. 19 (1924), pp. 149–153.
2. Felitti, V.J., Anda, R.F., Nordenberg, D. *et al.*, „Relationship of childhood abuse and household dysfunction to many of the leading causes of death in adults: The Adverse Childhood Experiences (ACE) Study", *American Journal of Preventive Medicine*, nr. 14(4), 1998, pp. 245–258.

Capitolul 2

1. Robinson, A., Abramovitch, A., „A Neuropsychological Investigation of Perfectionism", *Behavior Therapy*, 51(3), 2020 pp. 488–502; Stoeber, J., Otto, K., „Positive conceptions of perfectionism: Approaches, evidence, challenges", *Personality and Social Psychology Review*, 10(4), 2006, pp. 295–319; Segrin, C. *et al.*, „Overparenting is associated with perfectionism in parents of young adults", *Couple and Family Psychology: Research and Practice*, 9(3), 2020, p. 181.
2. Azizia, K., Besharat, M., „The relationship between parental perfectionism and child perfectionism in a sample of Iranian families", *Procedia Social and Behavioral Sciences*, 15, 2011, pp. 1287–1290.
3. Hewitt, P.L., Flett, G.L., „Perfectionism in the self and social contexts: Conceptualization, assessment, and association with psychopathology", *Journal of Personality and Social Psychology*, 60, 1991, pp. 456–470.
4. Sorkkila, M., Aunola, K., „Risk Factors for Parental Burnout among Finnish Parents: The Role of Socially Prescribed Perfectionism", *Journal of Child and Family Studies*, 29, 2020, pp. 648–659.

5. Woodhouse, S., Scott, J. *et al.*, „Secure Base Provision: A New Approach to Examining Links Between Maternal Caregiving and Infant Attachment“, *Child Development*, 91(1), 2019, pp. 249–265.

Capitolul 3

1. Summerville, A., Roese, N., „Dare to Compare: Fact-Based versus Simulation-Based Comparison in Daily Life“, *Journal of Experimental Social Psychology*, 44(3), 2008, pp. 664–671.
2. Zhang, M., Zhang, Y., Kong, Y., „Interaction between social pain and physical pain“, *Brain Science Advances*, 5(4), 2019, pp. 265–273.
3. White, J., Langer, E., „Frequent Social Comparisons and Destructive Emotions and Behaviors: The Dark Side of Social Comparisons“, *Journal of Adult Development*, 1, 2006.
4. Festinger, L., „A theory of social comparison processes“, *Human Relations*, 7(2), 1954, pp. 117–140.
5. Thai, S., Lockwood, P. *et al.*, „The family ties that protect: Expanded-self comparisons in parent–child relationships“, *Journal of Social and Personal Relationships*, 36(3), 2019, pp. 1041–1066.
6. Deri, S., Davidai, S. Gilovich, T., „Home alone: Why people believe others' social lives are richer than their own“, *Journal of Personality and Social Psychology*, 113(6), 2017, pp. 858–877.
7. Park, S., Baek, Y., „Two faces of social comparison on Facebook: The interplay between social comparison orientation, emotions, and psychological well-being“, *Computers in Human Behavior*, 79, 2018, pp. 83–93.

Capitolul 4

1. Maslach, C., „Burned-Out“, *Human Relations*, 9(5), 1976, pp. 16–22.
2. Horne, R.M., Johnson, M.D., Galambos, N.L., Krahn, H.J., „Time, Money, or Gender? Predictors of the Division of Household Labour Across Life Stages“, *Sex Roles*, 2017.
3. Ahn, J.N., Haines, E.L., Mason, M.F., „Gender Stereotypes and the Coordination of Mnemonic Work within Heterosexual Couples: Romantic Partners Manage their Daily To-Dos“, *Sex Roles*, 77, 2017.
4. Brewster, M.E., „Lesbian women and household labor division: A systematic review of scholarly research from 2000 to 2015“, *Journal of Lesbian Studies*, 21, 2017, pp. 47–69.
5. Moberg, Y., „Does the gender composition in couples matter for the division of labor after childbirth?“, *Working Paper Series 8*, 2016, IFAU.

6. Office for National Statistics, „Families and Households in the UK: 2020“, obținut pe 4 august 2021.
7. United States Census Bureau, „The Majority of Children Live With Two Parents, Census Bureau Reports“, 17 noiembrie 2016, obținut pe 4 august 2021.

Capitolul 6

1. Adams, G., Converse, B., Hales, A., Klotz, L., „People systematically overlook subtractive changes“, *Nature*, 592(7853), 2021.

Capitolul 7

1. Lippold, M.A., Glatz, T., Fosco, G., „Parental Perceived Control and Social Support: Linkages to Change in Parenting Behaviors During Early Adolescence“, *Family Process*, 57(2), 2018, pp. 432–447.
2. Thomas, P., Liu, H., Umberson, D., „Family Relationships and Wellbeing“, *Innovations in Aging*, 1(3), 2017.
3. Doss, B., Rhoades, G., Stanley, S., Markman, H., „The effect of the transition to parenthood on relationship quality: An 8-year prospective study“, *Journal of Personality and Social Psychology*, 96(3), 2009, pp. 601–619.

Capitolul 8

1. Ellison, G., Barker, A., Kulasuriya, T., „Work and Care: A Study of Modern Parents“, *Equality and Human Rights Commission*, 2009.
2. Cleo (2020) „State of Working Parents Survey“, https:// hicleo.com/resource/the-state-of-working-parents-study-q3-2020/.
3. Raport „Helping Dads Care“, https://promundoglobal.org/wp-content/ uploads/2018/06/Promundo-DMC-Helping-Men-Care-Report_FINAL.pdf

Capitolul 9

1. Limbers, C., McCollum, C., Ylitalo, K., „Physical activity in working mothers: Running low impacts quality of life“, *Women's Health*, 16, 2020, p. 20.
2. Limbers, C., McCollum, C., Greenwood, E., „Physical activity moderates the association between parenting stress and quality of life in working mothers during the Covid-19 pandemic“, *Mental Health and Physical Activity*, 2020, p. 19.
3. Fortier, M., Guerin, E., Williams, T., „Should I exercise or sleep to feel better? A daily analysis with physically active working mothers“, *Mental Health and Physical Activity*, 2015, pp. 56–61.

4. Morita, E., Fukuda, S., Nagano, J. *et al.*, „Psychological effects of forest environments on healthy adults: Shinrin-yoku (forest-air bathing, walking) as a possible method of stress reduction“, *Public Health*, 121(1), 2007, pp. 54–63.
5. Li, Q., „Effets des forêts et des bains de forêt (*shinrin-yoku*) sur la santé humaine: une revue de la littérature“, *Santé publique*, 13 mai 2019, pp. 135–143.

Capitolul 10

1. Tronick, E., „Emotions and Emotional Communication in Infants“, *American Psychologist,* 44(2), 1989, pp. 112–119.
2. Woodhouse, S., Scott, J., Hepworth, A. *et al.*, „Secure Base Provision: A New Approach to Examining Links Between Maternal Caregiving and Infant Attachment“, *Child Development*, 91(1), 2020, e249–e265.

Resurse

Site-ul autoarei:	https://sarahockwell-smith.com
Pagina de Facebook a autoarei:	https://www.facebook.com/sarahockwellsmithauthor
Pagina de Instagram a autoarei:	https://www.instagram.com/sarahockwellsmith
Canalul de Youtube al autoarei:	http://www.youtube.com/c/sarahockwellsmith
Pagina de Twitter a autoarei:	www.twitter.com/thebabyexpert

Capitolul 1

Cum să faci față unui părinte dificil:	www.myhorridparent.com
Sprijin pentru sănătatea mintală:	www.mind.org.uk
Cum să găsești un terapeut:	www.bacp.co.uk
Explorarea copilului lăuntric:	www.ppfoundation.org

Capitolul 2

Chestionarul de evaluare a perfecționismului:	https://hewittlab.psych.ubc.ca/measures-3/perfectionism-ratings-scale/

Capitolul 7

Sfaturi și sprijin în relații:	www.relate.org.uk www.gottman.com
Sfaturi pentru cei aflați într-o relație abuzivă:	www.nationalhelpline.org.uk www.womensaid.org.uk
Sprijin în caz de deces:	www.cruse.org.uk
Mame fără mamă:	www.hopeedelman.org
Grup de Facebook dedicat educației cu blândețe, Marea Britanie:	www.facebook.com/groups/ cu GentleParentingUK
Grup de Facebook dedicat educației cu blândețe, internațional:	www.facebook.com/groups/Gentle ParentingInternational

Capitolul 10

Cum să fii părinte când ai cancer:	www.mummystar.org www.macmillanorg.uk www.maggies.org
Când îți crești copilul singur sau separat de celălalt părinte:	www.gingerbreak.org.uk
Părinți cu afecțiuni psihice:	www.mind.org.uk
Când ai un copil cu probleme mintale:	www.youngminds.org.uk
Părinți în doliu:	www.winstonswish.org
Când ai un copil cu o boală gravă:	www.rainbowtrust.org.uk
Când ai un copil cu afecțiuni neuropsihice:	www.adhdfoundation.org.uk www.autism.org.uk
Când crești copilul în urma unei traume la naștere:	www.birthtraumassociation.org.uk
Când crești un copil după ce ai pierdut anterior altul:	www.tommys.org
Sprijin pentru părinții cu probleme financiare:	www.citizensadvice.org.uk